起步造价员

造价小白学啥上手快
——建筑工程造价

主　编　杨霖华　赵小云
副主编　钟震宇　朱加鹏

机械工业出版社

本书针对造价学习枯燥难学这个问题，从造价的基础出发，将造价员应该掌握的知识逐步深化，内容上从基础到主体，层次上由浅入深，做到层次分明，让知识"站起来"（主要做三维结合）。跟着"站起来"的知识学习，形式上改变了传统学习的旧模式，内容上也做到与时俱进。

本书共有 15 章，内容包括：建筑工程造价基础知识，建筑工程识图，工程量的计算原理，建筑面积计算，土石方工程，地基处理与边坡支护工程，桩基工程，砌筑工程，混凝土及钢筋混凝土工程，金属结构工程，门窗及木结构，屋面及防水工程，保温、隔热、防腐工程，建设工程工程量清单与定额计价，建筑工程造价软件的运用等。

本书可作为造价新手、造价"小白"的辅导书，也可供广大参加造价工程师职业资格考试的应考人员使用，还可作为大中专院校工程造价相关专业的教学参考书。

图书在版编目（CIP）数据

造价小白学啥上手快．建筑工程造价/杨霖华，赵小云主编．
—北京：机械工业出版社，2022.5
（起步造价员）
ISBN 978-7-111-70775-2

Ⅰ.①造…　Ⅱ.①杨…②赵…　Ⅲ.①建筑安装－工程造价
Ⅳ.①TU723.3

中国版本图书馆 CIP 数据核字（2022）第 080966 号

机械工业出版社（北京市百万庄大街 22 号　邮政编码 100037）
策划编辑：汤　攀　责任编辑：汤　攀　刘　晨
责任校对：刘时光　封面设计：张　静
责任印制：常天培
北京机工印刷厂有限公司印刷
2022 年 9 月第 1 版第 1 次印刷
184mm×260mm・13.25 印张・321 千字
标准书号：ISBN 978-7-111-70775-2
定价：55.00 元

电话服务　　　　　　　　网络服务
客服电话：010-88361066　机 工 官 网：www.cmpbook.com
　　　　　010-88379833　机 工 官 博：weibo.com/cmp1952
　　　　　010-68326294　金 书 网：www.golden-book.com
封底无防伪标均为盗版　机工教育服务网：www.cmpedu.com

编写人员名单

主 编

杨霖华　赵小云

副主编

钟震宇　朱加鹏

参 编

宋婉娇　刘招峰　王云超　莫尚印　关亮亮
李中党　杨　博　卫向阳　张广伟　丁　涛
范青山　张俊生　马　龙　侯金林　刘增强
宋建伟　马志辉　徐　仓　刘　洋　马洪志
邓　超　马飞飞　张文立

前言
FOREWORD

　　工程造价专业是在工程管理专业的基础上发展起来的，每项工程从开工到竣工预算、工程进度拨款及竣工结算都要求有造价人员全程参与，从工程投资方和工程承包方到工程造价咨询公司，都需要有自己的造价人员。

　　信息技术时代，知识的呈现形式是多种多样的，工程造价行业也是如此。以往枯燥的知识呈现方式现在也逐渐朝着生动化、立体化的方向发展，枯燥的平面图，一行列不完的计算式子，密密麻麻的图纸和计算，很容易让人没有足够的兴趣学习进而难以坚持下去。对于一些处于造价入门水平的造价人员，想要进一步提升自己，更是感到无从下手。论基本知识——都懂，论专业性——大概懂，论专业实战——稍有逊色。即便是从业多年的造价人员，问一个造价专业的问题，有时候也是含含糊糊，只知道软件就是这么算出来的。智能化的造价软件把造价人员机械化了。如何根据图纸进行详细的工程量计算，是造价人员的基本功和必须掌握的技能。本书即是针对这个问题展开，进行了详细的阐述。

　　本书充分考虑了当前的大环境，并以现行国家标准《建设工程工程量清单计价规范》（GB 50500）《房屋建筑与装饰工程工程量计算规范》（GB 50854）以及《河南省房屋建筑与装饰工程预算定额》（HA 01-31）为依据，在全面理解规范和计算规则的前提下，做到内容上从基本知识入手、图文并茂；层次上由浅入深、循序渐进，实训上注重与实例的结合，整体上主次分明、合理布局，力求把知识点简单化、生动化、形象化，形式上配备动画、视频和音频，帮助读者理解图书内容，提高学习效率。

　　通过对本书的学习，期望可以检验工程造价人员对建筑工程造价专业基础知识的掌握情况，提高应用专业技术知识对建筑工程进行计量和工程量清单编制的能力，利用计价依据和价格信息对建筑工程进行计价的能力，综合运用建筑工程造价知识分析和解决建筑工程造价实际问题的职业能力。

　　本书在编写过程中得到了许多同行的支持与帮助，在此一并表示感谢。由于编者水平有限和时间紧迫，书中难免有错误和不妥之处，望广大读者批评指正。如有疑问，可发邮件至zjyjr1503@163.com 或添加 QQ 群 811179070 与编者联系。

编　者

目录
CONTENTS

第1章　建筑工程造价基础知识

1.1　建筑工程概述

1.1.1　建筑工程的概念

建筑工程，指通过对各类房屋建筑及其附属设施的建造和与其配套的线路、管道、设备的安装活动所形成的工程实体。建筑工程是为新建、改建或扩建房屋建筑物和附属构筑物设施进行的规划、勘查、设计和施工、竣工等各项技术工作和完成的工程实体以及与其配套的线路、管道、设备的安装工程。也指各种房屋、建筑物的建造工程，又称建筑工作量。

其中"房屋建筑物"的建造工程包括厂房、剧院、旅馆、商店、学校、医院和住宅等，其新建、改建或扩建必须兴工动料，通过施工活动才能实现；"附属构筑物设施"指与房屋建筑配套的水塔、自行车棚、水池等。"线路、管道、设备的安装"指与房屋建筑及其附属设施相配套的电气、给水排水、暖通、通信、智能化、电梯等线路、管道、设备的安装活动。

1.1.2　建筑工程的类别

建筑物按照使用性质，通常可分为生产性建筑、非生产性建筑和构筑物。

1. 生产性建筑

工业建筑：为生产服务的各类建筑，也称厂房类建筑，如生产车间、辅助车间、动力用房、仓储建筑等。工业建筑又可以分为单层厂房和多层厂房两大类。

农业建筑：用于农业、畜牧业生产和加工用的建筑，如温室、畜禽饲养场、粮食与饲料加工站、农机修理站等。

工业建筑类别见表 1-1。

表 1-1　工业建筑类别

工程类型		分类指标	一类	二类	三类	四类
工业建筑	单层厂房	建筑面积 高度 跨度	>5000m² >15m >33m	3000m²<面积≤5000m² 12m<高度≤15m 24m<跨度≤33m	1500m²<面积≤3000m² 9m<高度≤12m 18m<跨度≤24m	≤1500m² ≤9m ≤18m
	多层厂房	建筑面积 高度	>6000m² >24m	4000m²<面积≤6000m² 18m<高度≤24m	2000m²<面积≤4000m² 12m<高度≤18m	≤2000m² ≤12m

2. 非生产性建筑

非生产性建筑又叫民用建筑，指非生产性的居住建筑和公共建筑，包括剧院、旅馆、商店、学校、医院和住宅等。民用建筑类别见表1-2。

表1-2 民用建筑类别

工程类型		分类指标	一类	二类	三类	四类
民用建筑	公用建筑（单层）	建筑面积 高度 跨度	>5000m² >18m >24m	3000m²＜面积≤5000m² 15m＜高度≤18m 18m＜跨度≤24m	1500m²＜面积＜3000m² 12m＜高度≤15m 12m＜跨度≤18m	≤1500m² ≤12m ≤12m
	公用建筑（多层）	建筑面积 高度	>10000m² >30m	6000m²＜面积≤10000m² 24m＜高度≤30m	3000m²＜面积≤6000m² 18m＜高度≤24m	≤3000m² ≤18m
	住宅及其他建筑	建筑面积 层数	>12000m² >12层	8000m²＜面积≤12000m² 8层＜层数≤12层	4000m²＜面积≤8000m² 4层＜层数≤8层	≤4000m² ≤4层

3. 构筑物

构筑物类别见表1-3。

表1-3 构筑物类别

工程类型		分类指标	一类	二类	三类	四类
人防工程		人防级别	—	>3级	≤3级	—
构筑物	混凝土烟囱	高度	>100m	60m＜高度≤100m	≤60m	
	砖烟囱	高度	—	>50m	≤50m	
	水塔	高度	—	>40m	≤40m	
	贮仓	高度	—	>20m	≤20m	
	贮水、贮油池	单体容量	>5000m³	1000m³＜单体容量≤5000m³	≤1000m³	—

4. 建筑工程类别的划分说明

（1）建筑工程类别划分以单位工程为对象。同一施工单位同时施工的由不同结构或用途拼接组成的单位工程，可以按最大跨度、最高高度和合并后的建筑面积确定工程类别；由不同施工单位以伸缩缝或沉降缝为界划分后分别组织施工的单位工程，应按各自所承担的局部工程分别确定工程类别。

（2）同一类别中有两个及两个以上指标的，同时满足两个指标的才能确定为本类标准；只符合其中一个指标的，按低一类标准执行。

（3）分类指标中的"建筑面积"是指按国家有关房屋建筑工程建筑面积计算规则规定的方法计算的建筑物面积。

（4）分类指标中的"高度"是指建筑物的自身高度。建筑物的高度按设计室外地坪至建筑物檐口滴水处的距离计算；有女儿墙的建筑物，按设计室外地坪至建筑物屋面板上表面的距离计算。构筑物的高度按设计室外地坪至构筑物本身顶端的距离（不包括避雷针、扶梯高度）计算。

（5）分类指标中的"跨度"是指桁架、梁、拱等跨越空间的结构相邻两支点之间的距离。有多跨的建（构）筑物，按其中主要承重结构最大单跨距离计算。

（6）"工业建筑"是指生产性房屋建筑工程和按国家有关规定划分为工业项目的房屋建筑工程。"民用建筑"是指为满足人们物质文化生活需要，进行社会活动的非生产性房屋建筑工程。"公共建筑"是指办公楼、教学楼、试验楼，博物馆、展览馆、文体馆、纪念馆，饭店、宾馆、招待所，办公、购物、餐饮、娱乐等一体化综合楼。

1.2　工程基本建设程序概述

1.2.1　工程基本建设程序定义及内容

1. 工程基本建设程序基本概念

建设程序是对基本建设项目从酝酿、规划到建成投产所经历的整个过程中的各项工作开展先后顺序的规定。它反映工程建设各个阶段之间的内在联系，是从事建设工作的各有关部门和人员都必须遵守的原则。

人们对基本建设程序规律的认识和反映程度不同，制定的基本建设程序管理制度的科学程度也就不同。

2. 工程基本建设程序内容

项目建议书阶段→可行性研究阶段→建设地点的选择阶段→初步设计工作阶段→施工图设计阶段→施工建筑准备阶段→建设实施阶段→竣工验收阶段→后评价阶段。

1.2.2　工程基本建设项目的费用构成

基本建设项目费用是指基本建设项目从拟建到竣工验收交付使用整个过程中，预计投入的全部费用的总和。它包括工程费用（建筑工程费用和安装费用、设备及工器具购置费用）、工程建设其他费用、预备费、建设期贷款期利息及铺底流动资金等，如图 1-1 所示。

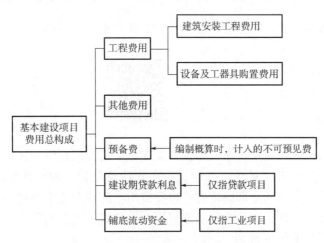

图 1-1　工程基本建设项目的费用构成

1. 工程费用

（1）各类房屋建筑工程和列入房屋建筑工程预算的供水、供暖、卫生、通风、煤气等设备费用及装饰、油饰工程的费用，列入建筑工程预算的各种管道、电力、电信和电缆导线敷设工程的费用。

（2）设备基础、支柱、工作台、烟囱、水塔、水池等建筑工程，以及各种炉窑的砌筑工程和金属结构工程的费用。

（3）为施工而进行的场地平整，工程和水文地质勘察，原有建筑物和障碍物的拆除，以及施工临时用水、电、气、路和完工后场地清理，环境绿化、美化等工作的费用。

2. 安装工程费用

（1）生产、动力起重运输、传动和医疗、实验等各种需要安装的机械设备的装配费用，与设备相连的工作台、梯子、栏杆等装配工程费用，附属于被安装设备的管线敷设工程费用，以及被安装设备的绝缘、防腐、保温、油漆等工作的材料费和安装费。

（2）测定安装工程质量，对单台设备进行单机试运转，对系统设备进行系统联动，无负荷试运转工作的调试费。

3. 设备及工器具购置费用

设备购置费是指为建设项目购买或自制的达到固定资产标准的各种设备、工具、器具的购置费用，它由设备原价和设备运杂费构成。

工具、器具及生产家具购置费是指新建或扩建项目初步设计规定的，保证初期正常生产必须购置的没有达到固定资产标准的设备、仪器、工卡模具、器具、生产家具和备品备件等的购置费用。

4. 其他费用

工程建设其他费用是指从工程筹建到工程竣工验收、交付使用为止的整个建设期间，除建筑安装工程费用和设备及工、器具购置费用以外的，为保证工程建设顺利完成和交付使用后，能够正常发挥效用而发生的各项费用的总和。按其内容大体可分为三类：第一类指土地使用费；第二类指与工程建设有关的其他费用；第三类指与未来企业生产经营有关的其他费用。

5. 预备费

预备费也称不可预见费，是指在初步设计和概算中难以预料的工程费用。

1.3　工程造价概述

1.3.1　工程造价的含义

工程造价就是指工程的建设价格，是指为完成一个工程的建设，预期或实际所需的全部费用总和。从业主（投资者）的角度来定义，工程造价是指工程的建设成本，即为建设一项工程预期支付或实际支付的全部固定资产投资费用。这些费用主要包括设备及工器具购置费、建筑工程及安装工程费、工程建设其他费用、预备费、建设期利息、固定资产投资方向调节税（这项费用目前暂停征收）。

尽管这些费用在建设项目的竣工决算中，按照新的财务制度和企业会计准则核算新增资产价值时，并没有全部形成新增固定资产价值，但这些费用是完成固定资产建设所必需的。因此，从这个意义上讲，工程造价就是建设项目固定资产投资。从承发包角度来定义，工程造价是指工程价格，即为建成一项工程，预计或实际在土地、设备、技术劳务以及承包等市场上，通过招标投标等交易方式所形成的建筑安装工程的价格和建设工程总价格。

1.3.2　工程造价的特点

1. 大额性

能够发挥投资效用的任一项工程，不仅实物形体庞大，而且造价高昂。动辄数百万、数千万、数亿、十几亿元人民币，特大型工程项目的造价可达百亿、千亿元人民币。工程造价的大额性使其关系到有关各方面的重大经济利益，同时也会对宏观经济产生重大影响。这就决定了工程造价的特殊地位，也说明了造价管理具有重要意义。

2. 个别性、差异性

任何一项工程都有特定的用途、功能和规模。因此，对每一项工程的结构、造型、空间分割、设备配置和内外装饰都有具体的要求，因而使工程内容和实物形态都具有个别性和差异性。工程的差异性决定了工程造价的个别性和差异性。同时，每项工程所处地区、地段都不相同，使这一特点得到强化。

3. 动态性

任何一项工程从决策到竣工交付使用，都有一个较长的建设时间，而且由于不可控因素的影响，在预计工期内，许多影响工程造价的动态因素，如工程变更，设备材料价格，工资标准以及费率、利率、汇率会发生变化，因此，工程造价在整个建设期处于不确定状态，直至竣工决算后才能最终确定工程的实际造价。

4. 层次性

造价的层次性取决于工程的层次性。一个建设项目往往含有多个能够独立发挥设计效能的单项工程（车间、写字楼、住宅楼等），一个单项工程又是由能够各自发挥专业效能的多个单位工程（土建工程、电气安装工程等）组成。与此相适应，工程造价有三个层次：建设项目总造价、单项工程造价和单位工程造价。如果专业分工更细，单位工程（如土建工程）还可分为分部分项工程，如大型土方工程、基础工程、装饰工程等，这样，工程造价的层次就增加了分部工程和分项工程而成为五个层次。即使从造价的计算和工程管理的角度看，工程造价的层次性也是非常突出的。

5. 兼容性

工程造价的兼容性首先表现在它具有两种含义，其次表现在工程造价构成因素的广泛性和复杂性。在工程造价中，首先成本因素非常复杂，其中为获得建设工程用地支出的费用、项目可行性研究和规划设计费用、与政府一定时期政策（特别是产业政策和税收政策）相关的费用占有相当的份额。其次，盈利的构成也较为复杂，资金成本较大。

1.3.3　工程造价的计价特征

1. 计价的单件性
产品的个体差别决定了每项工程都必须单独计算造价。
2. 计价的多次性
（1）在项目建议书阶段编制项目建议书投资估算。
（2）在可行性研究报告阶段编制可行性研究报告投资估算。

（3）在初步设计阶段编制初步设计概算。

（4）在技术设计阶段编制技术设计修正概算。

（5）在施工图设计阶段编制施工图预算。

（6）实行建筑安装工程及设备采购招标的建设项目，一般都要编制标底，编制标底也是一次计价。

3. 计价的组合性

为了适应不同设计阶段编制工程造价的需要，要编制施工定额、预算定额、概算定额等估算指标。这几种定额是相互衔接的，其单项定额所综合的工程内容是逐级扩大的。

4. 方法的多样性

工程造价多次性计价有各不相同的计价依据，对造价的精度要求也各不相同，这就决定了计价方法的多样性特征。

5. 依据的复杂性

影响造价的因素多，计价依据复杂，种类繁多。

1.3.4 工程造价的作用

（1）工程造价是项目决策的依据，是项目财务分析和经济评价的重要依据。

（2）工程造价是制订投资计划和控制投资的依据，正确的投资计划有助于合理并有效地使用资金。

（3）工程造价是筹集资金的依据。

（4）工程造价是评价投资效果的指标，每个项目的造价自身形成一个指标体系。

（5）工程造价是合理分配利润和调节产业结构的手段。

1.3.5 工程概（预）算

根据不同的建设阶段，工程造价可以分以下 5 类：投资估算、概算造价、预算造价、合同价、结算价。工程概（预）算的具体内容如下：

1. 工程概（预）算的概念

工程概（预）算是指在工程建设过程中，根据不同设计阶段设计文件的具体内容和有关定额、指标及取费标准，预先计算和确定建设项目的全部工程费用的技术经济文件。

2. 工程概（预）算的分类及作用

（1）设计概算　设计概算是在初步设计或扩大初步设计阶段，由设计单位根据初步设计或扩大初步设计图，概算定额、指标，工程量计算规则，材料、设备的预算单价，建设主管部门颁发的有关费用定额或取费标准等资料预先计算工程从筹建至竣工验收、交付使用全过程建设费用的经济文件。简言之，即计算建设项目总费用。其主要作用如下：

1）国家确定和控制基本建设总投资的依据。

2）确定工程投资的最高限额。

3）工程承包、招标的依据。

4）核定贷款额度的依据。

5）考核分析设计方案经济合理性的依据。

（2）修正概算 在技术设计阶段，由于设计内容与初步设计的差异，设计单位应对投资进行具体核算，对初步设计概算进行修正而形成的经济文件称为修正概算。其作用与设计概算相同。

（3）施工图预算 施工图预算是拟建工程在开工之前，根据已批准并经会审后的施工图、施工组织设计、现行工程预算定额、工程量计算规则、材料和设备的预算单价、各项取费标准，预先计算工程建设费用的经济文件。其主要作用如下：

1）考核工程成本、确定工程造价的主要依据。

2）编制标底、投标文件，签订承发包合同的依据。

3）工程价款结算的依据。

4）施工企业编制施工计划的依据。

（4）施工预算 施工预算是施工单位内部为控制施工成本而编制的一种预算。它是在施工图预算的控制下，由施工企业根据施工图、施工定额并结合施工组织设计，通过工料分析，计算和确定拟建工程所需的工、料、机械台班消耗及其相应费用的技术经济文件。施工预算实质上是施工企业的成本计划文件。其主要作用如下：

1）企业内部下达施工任务单、限额领料、实行经济核算的依据。

2）企业加强施工计划管理、编制作业计划的依据。

3）实行计件工资、按劳分配的依据。

3. 建设预算文件的组成

建设预算文件是由编制说明和概预算表格组成，编制说明一般由工程概况、编制依据、投资分析、其他需要说明的问题组成。

第2章 建筑工程识图

2.1 建筑工程识图基础知识

1. 图纸幅面

指图纸宽度与长度组成的图面。根据《建筑制图标准》的规定，图纸幅面的规格分为5种，即 A_0、A_1、A_2、A_3、A_4，如图2-1所示。图纸幅面分为横式和立式两种，其中以短边作为垂直边的称为横式（即 X 型幅面），以短边作为水平边的称为立式（即 Y 型幅面），在一套施工图纸中应以一种规格的图纸幅面为主，在特殊情况下，允许加长 1~3 号图纸长度的长度和宽度，零号图纸只能加长长边。

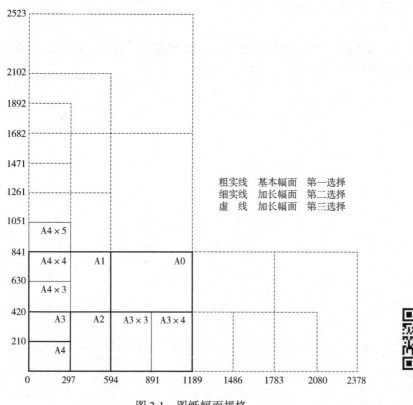

图 2-1　图纸幅面规格

图纸上限定绘图区域的线框称为图框，图框用粗实线绘制，其格式分为留装订边和不留装订边两种，但同一工程的图样只能采用一种格式。建筑制图一般采用留装订边的格式。加长幅面的图框尺寸，按所选的基本幅面大一号的图框尺寸确定。如图 2-2 所示。

图纸类型		X 型（横放）	Y 型（竖放）	说　明
常用情况	装订型	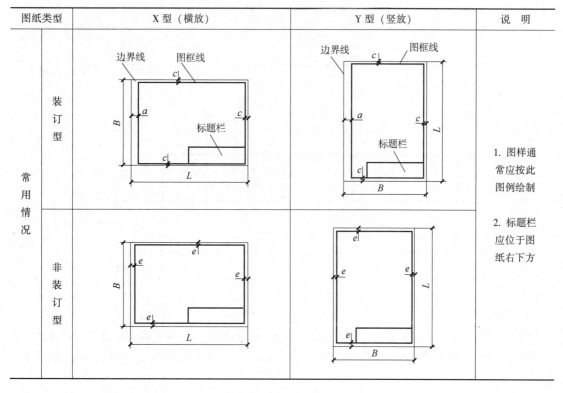		1. 图样通常应按此图例绘制 2. 标题栏应位于图纸右下方
	非装订型			

图 2-2　图框示意图

标题栏和会签栏如图 2-3 和图 2-4 所示。

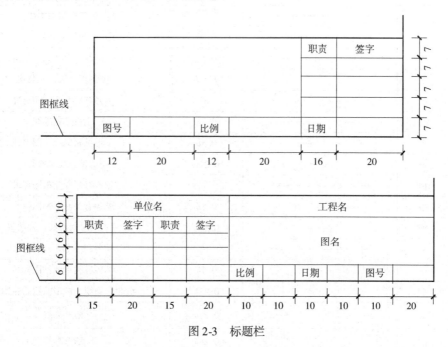

图 2-3　标题栏

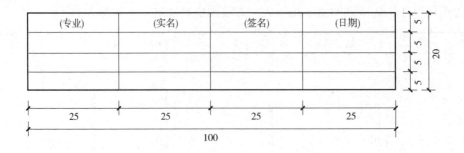

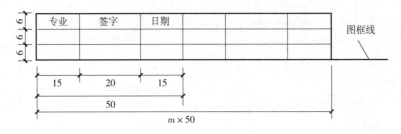

图 2-4　会签栏

2. 图纸图线

常用图线线宽 b，宜从 1.4、1.0、0.7、0.5mm 中选取，图线宽度不应小于 0.1mm。每个图样应根据复杂程度与比例大小选定基本线宽 b。常用图线的线型和宽度可参考表 2-1 选用。

表 2-1　常用图线

名称		线型	线宽	一般用途
实线	粗		b	主要可见轮廓线
	中粗		$0.7b$	可见轮廓线
	中		$0.5b$	可见轮廓线、尺寸线、变更云线
	细		$0.25b$	图例填充线、家具线
虚线	粗		b	见各有关专业制图标准
	中粗		$0.7b$	不可见轮廓线
	中		$0.5b$	不可见轮廓线、图例线
	细		$0.25b$	图例填充线、家具线
单点长画线	粗		b	见各有关专业制图标准
	中		$0.5b$	见各有关专业制图标准
	细		$0.25b$	中心线、对称线、轴线等
双点长画线	粗		b	见各有关专业制图标准
	中		$0.5b$	见各有关专业制图标准
	细		$0.25b$	假想轮廓线、成型前原始轮廓线
折断线	细		$0.25b$	断开界线
波浪线	细		$0.25b$	断开界线

3. 符号图例

常用的符号图例见表2-2。

表2-2　常用符号图例

符号名称	图　例
比例标注	平面图　1:100　　⑥　1:20 常用比例：1:1、1:2、1:5、1:10、1:20、1:30、1:50、1:100、1:150、1:200、1:500、1:1000、1:2000
索引符号	 下半圈中 " – " 表示本页，页码省略。图集编号标注在索引线上
剖面详图的索引	
详图符号	详图与被索引图样同在一张图纸内的详图符号 详图与被索引图样不在同一张图纸内的详图符号
引出线	
共同引出线	
多层共用引出线	
指北针	
连接符号	

（续）

符号名称	图 例
轴线的编号顺序	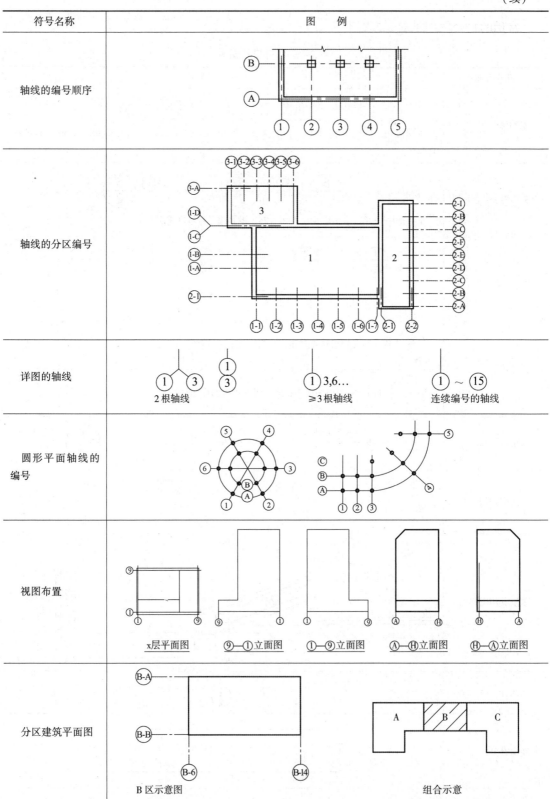
轴线的分区编号	
详图的轴线	
圆形平面轴线的编号	
视图布置	
分区建筑平面图	

（续）

符号名称	图　例
剖面图与断面图的区别	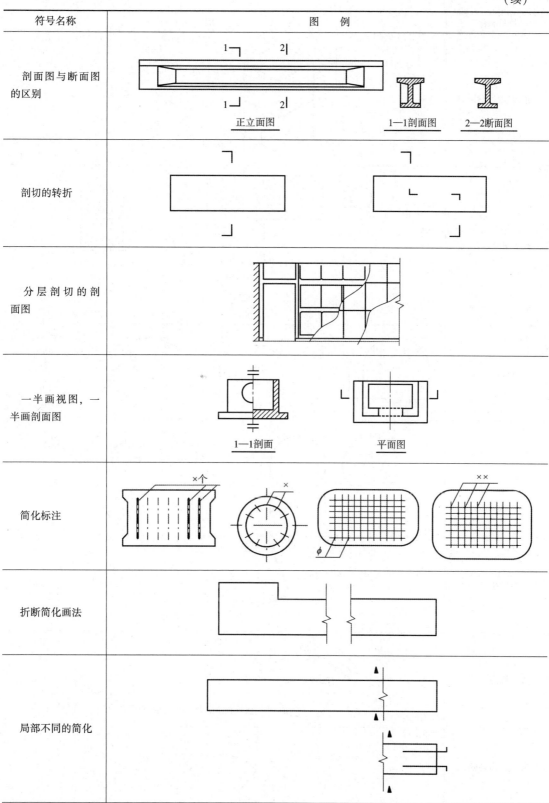
剖切的转折	
分层剖切的剖面图	
一半画视图，一半画剖面图	
简化标注	
折断简化画法	
局部不同的简化	

(续)

符号名称	图　　例
正等测的画法	$p=q=r$
尺寸数字的注写	
半径标注	
直径的标注	
角度标注	
弧长标注	弧长数字上方应加注圆弧符号"⌒"
标注圆弧的弦长	

（续）

符号名称	图　例
薄板厚度标注	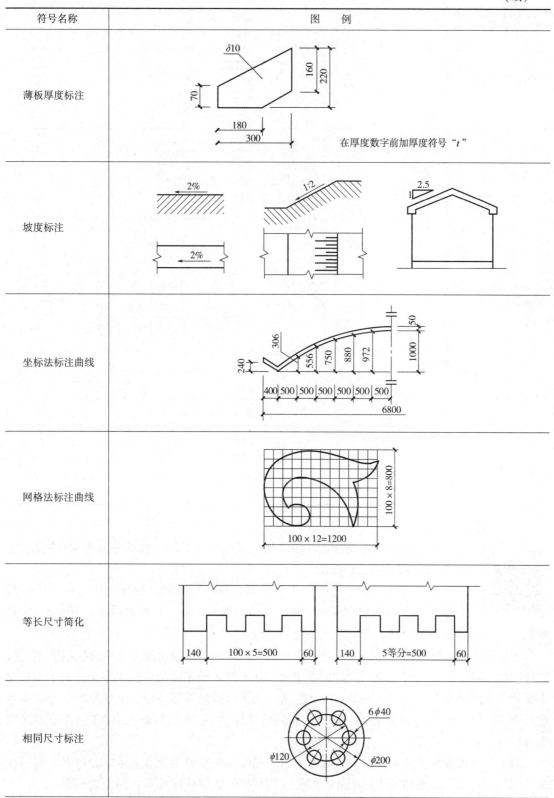 在厚度数字前加厚度符号"t"
坡度标注	
坐标法标注曲线	
网格法标注曲线	
等长尺寸简化	
相同尺寸标注	

（续）

符号名称	图 例
对称构件标注	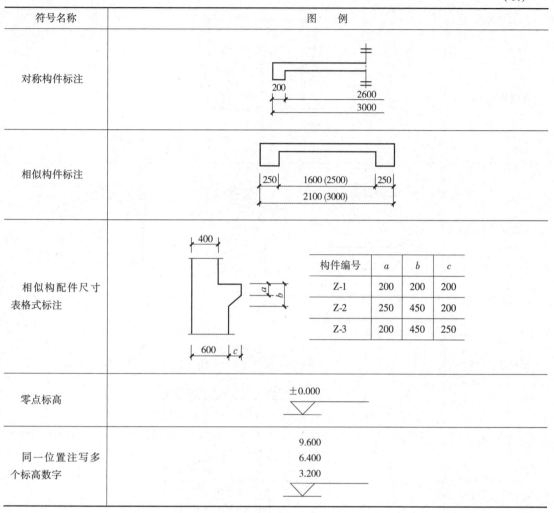
相似构件标注	
相似构配件尺寸表格式标注	
零点标高	
同一位置注写多个标高数字	

4. 定位轴线及编号

在施工图中通常用定位轴线确定房屋的承重墙、柱子等承重构件的位置，它是施工放线的主要依据。

定位轴线一般采用细点画线绘制，并进行编号，编号应注写在轴线端部的圆圈内。圆圈用细实线绘制，直径一般为8mm，详图上可增为10mm。圆圈的圆心，应在定位轴线的延长线上或延长线的折线上。

平面图上定位轴线的编号，宜标注在图样的下方与左侧。横向编号采用阿拉伯数字，从左至右顺序编写；竖向编号应用大写拉丁字母，从下至上顺序编写。拉丁字母中的I、O、Z不得用为轴线编号，以免与数字1、0、2混淆。如字母数量不够使用，可增用双字母或单字母加数字注脚，如AA、BB或A1、B1等。定位轴线也可采用分区编号，编号的注写形式应为分区号—该区轴线号。

对于一些次要构件的定位轴线一般作为附加轴线，编号可用分数表示。分母表示前一轴线的编号，分子表示附加轴线的编号，编号宜用阿拉伯数字顺序编写，如图2-5所示。

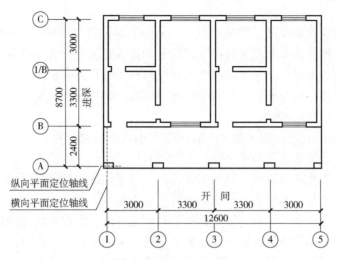

图 2-5　定位轴线编号方法

5. 索引符号和详图符号

为方便施工时查阅图纸，将施工图中无法表达清楚的某一部位或某一构件用较大的比例放大画出，这种放大后的图就称为详图。详图的位置、编号、所在的图纸编号等，常常用索引符号注明。

索引符号的圆及直径均应以细实线绘制，圆的直径为 10mm。索引出的详图，如与被索引的图样同在一张图内，应在索引符号的上半圆中用阿拉伯数字注明该详图的编号，并在下半圆中间画一段水平细实线，如图 2-6a 所示。索引出的详图，如与被索引的图样不在同一张图内，应在索引符号的下半圆中用阿拉伯数字注明该详图所在图样的图样号，如图 2-6b 所示。索引出的详图，如采用标准图集，应在索引符号水平直径的延长线上加注该标准图集的编号，如图 2-6c 所示。

索引符号如用于索引剖面详图，应在被剖切的部位绘制剖切位置线，并应以引出线引出索引符号，引出线所在的一侧应为剖视方向。

详图的位置和编号，应以详图符号表示，详图符号用一粗实线圆绘制，直径为 14mm。详图与被索引的图样同在一张图内时，应在详图符号内用阿拉伯数字注明详图的编号，如图 2-6d 所示。详图与被索引的图样，如不在同一张图内，可用细实线在详图符号内画一水平直径，在上半圆中注明详图编号，在下半圆中注明被索引图样的图样号，如图 2-6e 所示。

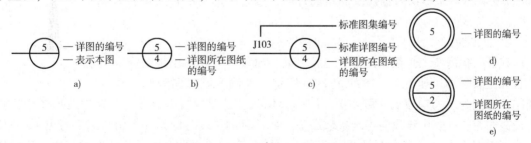

图 2-6　详图标志及详图索引标志

a）情况一　　b）情况二　　c）情况三　　d）情况四　　e）情况五

6. 标高

标高是标注建筑物高度的一种尺寸形式，分为绝对标高和相对标高两种。

绝对标高：我国把青岛附近黄海海平面的平均高度定为绝对标高的零点，其他各地标高都是以它为基准测量而得的。总平面图中所标注标高为绝对标高。

相对标高：除总平面图外，一般都采用相对标高，即将房屋底层室内地坪高度定为相对标高的零点，写作"±0.000"。

标高的单位为米（m）。标高数字一般注写到小数点后第三位，在总平面图中，可注写到小数点后第二位，位数不足用零补齐。

标高符号为等腰直角三角形，以细实线绘制。总平面图中和底层平面图中的室外地坪标高用涂黑的三角形表示，其轮廓形状与标高符号要求相同。

在立面、剖面等图中，当标高标注在图形轮廓之外时，要在被标注的位置引出一条短的横线，标高符号的尖端应指至被标注高度的引出线，尖端可向下，也可向上。当不同标高位置的施工图样完全相同时，可使用一张图纸，只需在一个标高符号上标注数个标高数字，如图 2-7 所示。

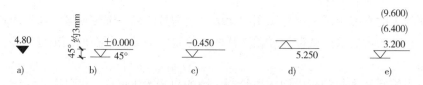

图 2-7　标高注写

a）总平面图标高　b）零点标高　c）负数标高
d）正数标高　e）一个标高符号标注多个标高数字

7. 对称符号

用细实线绘制，平行线长度应为 6～10mm，平行线间距宜为 2～3mm，平行线在对称线的两侧应相等，如图 2-8 所示

图 2-8　对称符号

8. 指北针

指北针的圆用细实线绘制，直径为 24mm，指针尾部的宽度为 3mm，如图 2-9 所示。需用较大直径绘制指北针时，指针尾部宽度宜为直径的 1/8。

图 2-9　指北针

9. 风玫瑰图

在极坐标底图上点绘出的某一地区在某一时段内各风向出现的频率或各风向的平均风速的统计图如图 2-10 所示，左侧为风（向频率）玫瑰图，右侧为风（向玫瑰）频率图。因图形似玫瑰花朵，故得此名。在风向玫瑰图中，频率最高的方位，表示该风向出现次数最多。最常见的风玫瑰图是一个圆，圆上引出 16 条放射线，它们代表 16 个不同的方向，每条直线的长度与这个方向的风的频度成正比。静风的频度放在中间。有些风玫瑰图上还指示出了各风向的风速范围。

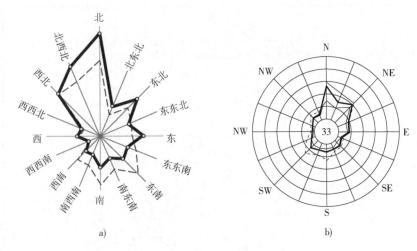

图 2-10　风玫瑰图

a）风（向频率）玫瑰图　b）风（向玫瑰）频率图

2.2　建筑施工图的识读要求

2.2.1　总平面图的识读

建筑总平面图也称为总图，它是整套施工图中领先的图纸。它是说明建筑物所在的地理位置和周围环境的平面图。一般在图上标出新建筑的外形、层数，外围尺寸、相邻尺寸，建筑物周围的地物、原有建筑、建成后的道路，水源、电源、下水道干线的位置，如在山区还要标出地形等高线等。有的总平面图，设计人员还根据测量确定的坐标图，绘出需建房屋所在方格网的部位和水准标高。为了表示建筑物的朝向和方位，在总平面图中，还绘有指北针和表示风向的风玫瑰图等，如图 2-11 所示。

同时伴随总图还有建筑的总说明，说明以文字形式表示，主要说明建筑面积、层数、规模、技术要求、结构形式、使用材料、绝对标高等应向施工者交代的一些内容。

2.2.2　建筑施工平面图的识读

建筑施工图，用作施工使用的房屋建筑平面图，一般有：底层平面图（表示第一层房间的布置、建筑入口、门厅及楼梯等）、标准层平面图（表示中间各层的布置）、顶层平面图（房屋最高层的平面布置图）以及屋顶平面图（即屋顶平面的水平投影，其比例尺一般比其他平面图小）。

（1）底层平面图　又称一层平面图或首层平面图。它是所有建筑平面图中首先绘制的一张图。绘制此图时，应将剖切平面选在房屋的一层地面与从一楼通向二楼的休息平台之间，且要尽量通过该层上所有的门窗洞，如图 2-12 所示。

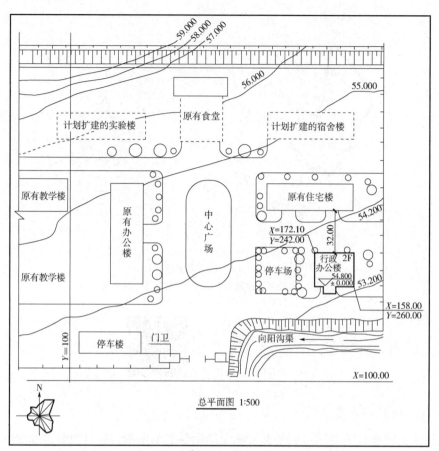

图 2-11　总平面图

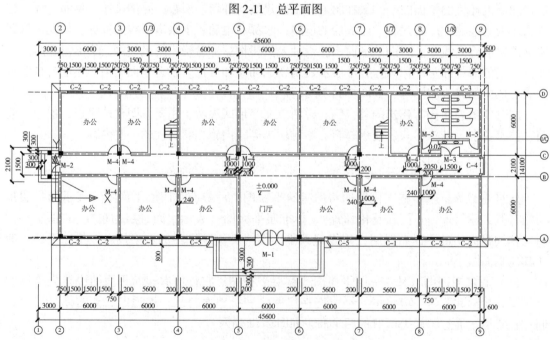

图 2-12　某住宅小区底层平面图

（2）中间标准层平面图 由于房屋内部平面布置的差异，对于多层建筑而言，应该有一层就画一个平面图。其名称就用本身的层数来命名，例如"二层平面图"或"四层平面图"等。但在实际的建筑设计过程中，多层建筑往往存在许多相同或相近平面布置形式的楼层，因此在实际绘图时，可将这些相同或相近的楼层合用一张平面图来表示。这张合用的图，就叫作"标准层平面图"，有时也可以用其对应的楼层命名，例如"二至六层平面图"等。

（3）顶层平面图 房屋最高层的平面布置图，主要表明屋顶的形状，屋面排水方向及坡度，檐沟、女儿墙、屋脊线、落水口、上人孔、水箱及其他构筑物的位置和索引符号等。屋顶平面图比较简单，可用较小的比例绘制。

建筑平面图的读图注意事项：

1）看清图名和绘图比例，了解该平面图属于哪一层。

2）阅读平面图时，应由低向高逐层阅读平面图。首先从定位轴线开始，根据所注尺寸看房间的开间和进深，再看墙的厚度或柱子的尺寸，看清楚定位轴线是处于墙体的中央位置还是偏心位置，看清楚门窗的位置和尺寸。尤其应注意各层平面图变化之处。

3）在平面图中，被剖切到的砖墙断面上，按规定应绘制砖墙材料图例，若绘图比例小于等于 1:50，则不绘制砖墙材料图例。

4）平面图中的剖切位置与详图索引标志也是不可忽视的问题，它涉及朝向与所表达的详尽内容。

5）房屋的朝向可通过底层平面图中的指北针来了解。

2.2.3 建筑立面图的识读

在与建筑物立面平行的铅垂投影面上所做的投影图称为建筑立面图，简称立面图。其中反映主要出入口或比较显著地反映出房屋外貌特征的那一面的立面图，称为正立面图，其余的立面图相应地称为背立面图和侧立面图。但通常也按房屋的朝向来命名，如南立面图，北立面图、东立面图和西立面图等，如图 2-13 所示。有时也按轴线编号来命名，如①～⑨立面图或 A～E 立面图等。按投影原理，立面图上应将立面上所有看得见的细部都表示出来。但由于立面图的比例较小，如门窗扇、檐口构造、阳台栏杆和墙面复杂的装修等细部，往往只用图例表示。它们的构造和做法，都另有详图或文字说明。因此，习惯上往往对这些细部只分别画出一两个作为代表，其他都可简化，只需画出它们的轮廓线。若房屋左右对称时，正立面图和背立面图也可各画出一半，单独布置或合并成一张图。合并时，应在图的中间画一条铅直的对称符号作为分界线。

识读施工图的要点：①了解图名和比例；②了解首尾轴线及编号；③了解各部分的标高；④了解外墙做法；⑤了解各构配件。

2.2.4 建筑剖面图的识读

建筑剖面图，指的是假想用一个或多个垂直于外墙轴线的铅垂剖切面，将房屋剖开，所得的投影图，简称剖面图。剖面图用以表示房屋内部的结构或构造形式、分层情况和各部位的联系、材料及其高度等，是与平、立面图相互配合的不可缺少的重要图样之一。如图 2-14 所示。

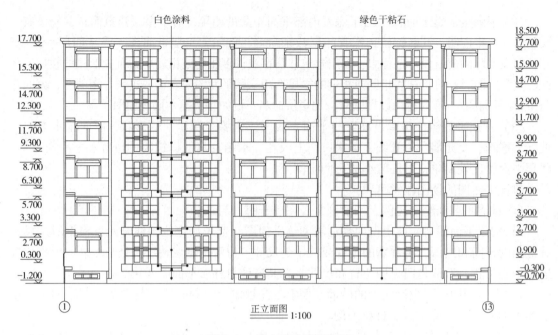

图 2-13　某大楼建筑立面图

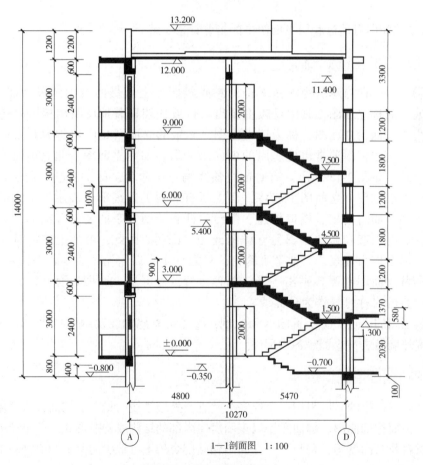

图 2-14　某楼梯剖面图

剖面图的数量是根据房屋的具体情况和施工实际需要而决定的。剖切面一般横向，即平行于侧面，必要时也可纵向，即平行于正面。其位置应选择在能反映出房屋内部构造比较复杂与典型的部位，并应通过门窗洞的位置。若为多层房屋，应选择在楼梯间或层高不同、层数不同的部位。剖面图的图名应与平面图上所标注剖切符号的编号一致，如 1-1 剖面图、2-2剖面图等。剖面图中的断面，其材料图例和粉刷面层和楼、地面面层线的表示原则及方法，与平面图的处理相同。

识图：①了解剖切位置、投影方向和绘图比例；②了解墙体的剖切情况；③了解地、楼、屋面的构造；④了解楼梯的形式和构造；⑤了解其他未剖切到的可见部分。

2.2.5　建筑详图的识读

建筑详图是建筑细部的施工图，是建筑平面图、立面图、剖面图的补充。因为立面图、平面图、剖面图的比例尺较小，建筑物上许多细部构造无法表示清楚，根据施工需要，必须另外绘制比例尺较大的图样才能表达清楚。简称详图或大样图、节点图。

建筑详图包括：

（1）表示局部构造的详图，如外墙身详图、楼梯详图、阳台详图等。

（2）表示房屋设备的详图，如卫生间、厨房、实验室内设备的位置及构造等。

（3）表示房屋特殊装修部位的详图，如吊顶、花饰等。

一般用索引符号注明画出详图的位置、详图的编号以及详图所在的图纸编号。索引符号和详图符号内的详图编号与图纸编号两者对应一致。索引符号和详图符号按"国标"规定，索引符号的圆和引出线均应以细实线绘制，圆直径为 10mm。引出线应对准圆心，圆内过圆心画一水平线，上半圆中用阿拉伯数字注明该详图的编号，下半圆中用阿拉伯数字注明该详图所在图纸的编号。如果详图与被索引的图样在同一张图纸内，则在下半圆中间画一水平细实线。索引出的详图，如采用标准图，应在索引符号水平直径的延长线上加注该标准图册的编号。

2.3　结构施工图的识读

结构施工图指的是关于承重构件的布置，使用的材料、形状、大小及内部构造的工程图样，是承重构件以及其他受力构件施工的依据。图纸目录应按图纸序号排列，先列新绘制图，后列选用的重复利用图和标准图。

2.3.1　结构施工图的用途及内容

建筑结构施工图（简称"结施"），需经过结构选型、内力计算、建筑材料选用，最后绘制出来的施工图。其内容包括房屋结构的类型、结构构件的布置。如各种构件的代号、位置、数量、施工要求及各种构件的尺寸大小、材料规格等。

建筑结构施工图是用来指导施工用的，如放灰线、开挖基槽、模板放样、钢筋骨架绑扎、浇灌混凝土等，同时也是编制建筑预算、编制施工组织进度计划的主要依据，是不可缺少的施工图。

结构施工图包含以下内容：结构总说明、基础布置图、承台配筋图、地梁布置图、各层柱布置图、各层柱配筋图、各层梁配筋图、屋面梁配筋图、楼梯屋面梁配筋图、各层板配筋图、屋面板配筋图、楼梯大样、节点大样。

2.3.2 结构施工图识读的组成

1. 结构设计说明书

一般以文字辅以图标来说明结构，内容有计划的主要依据（如功能要求、荷载情况、水文地质资料、地震烈度等）、结构的类型、建筑材料的规格形式、局部做法、标准图和地区通用图的选用情况、对施工的要求等。

2. 结构构件平面布置图

通常包含以下内容：

（1）基础平面布置图（含基础截面详图），主要表示基础位置、轴线的距离、基础类型。

（2）楼层结构构件平面布置图，主要是楼板的布置、楼板的厚度、梁的位置、梁的跨度等。

（3）屋面结构构件平面布置图，主要表示屋面楼板的位置和厚度等。

3. 结构构件详图

（1）基础详图，主要表示基础的具体做法。条形基础一般取平面处的剖面来说明，独立基础则给一个基础大样图。

（2）梁类、板类、柱类等构件详图（包括预制构件、现浇结构构件等）。

（3）楼梯结构详图。

（4）屋架结构详图（包括钢屋架、木屋架、钢筋混凝土屋架）。

（5）其他结构构件详图（如支撑等）。

4. 结构施工图常用构件代号

结构施工图常需注明结构的名称，一般采用代号表示（表2-3）。构件的代号一般用该构件名称的汉语拼音第一个字母的大写表示。预应力混凝土构件代号，应在前面加Y，如YKB表示预应力空心板。

表2-3　常用构件代号

序号	名称	代号	序号	名称	代号	序号	名称	代号
1	板	B	19	圈梁	QL	37	承台	CT
2	屋面板	WB	20	过梁	GL	38	设备基础	SJ
3	空心板	KB	21	连系梁	LL	39	桩	ZH
4	槽形板	CB	22	基础梁	JL	40	挡土墙	DQ
5	折板	ZB	23	楼梯梁	TL	41	地沟	DG
6	密肋板	MB	24	框架梁	KL	42	柱间支撑	ZC
7	楼梯板	TB	25	框支梁	KZL	43	垂直支撑	CC
8	盖板或沟盖板	GB	26	屋面框架梁	WKL	44	水平支撑	SC
9	挡雨板或檐口板	YB	27	檩条	LT	45	梯	T
10	起重机安全走道板	DB	28	屋架	WJ	46	雨篷	YP

（续）

序号	名称	代号	序号	名称	代号	序号	名称	代号
11	墙板	QB	29	托架	TJ	47	阳台	YT
12	天沟板	TGB	30	天窗架	CJ	48	梁垫	LD
13	梁	L	31	框架	KJ	49	预埋件	M-
14	屋面梁	WL	32	刚架	GJ	50	天窗端壁	TD
15	吊车梁	DL	33	支架	ZJ	51	钢筋网	W
16	单轨吊车梁	DDL	34	柱	Z	52	钢筋骨架	G
17	轨道连接	DGL	35	框架柱	KZ	53	基础	J
18	车挡	CD	36	构造柱	GZ	54	暗柱	AZ

2.4　混凝土结构平法施工图识读

1. 梁平法施工图

梁平法施工图是在梁平面布置图上采用在相同编号的梁中各选一根梁，在其上注写截面尺寸和配筋具体数值的方式来表达梁的构造。

平面注写包括集中标注和原位标注，集中标注表达梁的通用数值，原位标注表达梁的特殊数值。当集中标注中的某项数值不适用于梁的某部位时，则将该项数值原位标注。施工时，原位标注取值优先。

梁编号的规定：在平法施工图中，各类型的梁编号见表 2-4。

表 2-4　各类型墙梁编号

墙梁类型	代号	序号
连梁	LL	xx
连梁（对角暗撑配筋）	LL（JC）	xx
连梁（交叉斜筋配筋）	LL（JX）	xx
连梁（集中对角斜筋配筋）	LL（DX）	xx
暗梁	AL	xx
边框梁	BKL	xx

2. 柱平法施工图

柱平法施工图是在柱平面布置图上采用截面注写或列表注写方式表达。柱平面布置图可以采用适当比例单独绘制，也可与剪力墙平面布置图合并绘制。柱的钢筋包括纵筋和箍筋等。

截面注写是在柱平面布置图中，在同一编号的柱中选择一根柱，将其在原位放大绘制"截面配筋图"，并注写截面尺寸和配筋，其他相同的柱仅需标注编号和尺寸。柱的截面注写如图 2-15 所示。

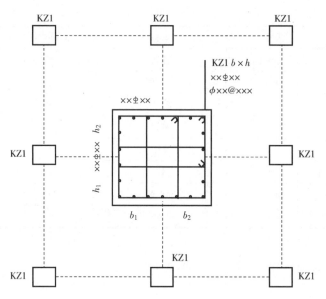

图 2-15   柱平法施工图截面注写

3. 剪力墙平法施工图

　　剪力墙是指房屋的墙体从基础到建筑物顶端均为实体钢筋混凝土，楼（屋）盖板直接支撑在钢筋混凝土墙体上，建筑物的竖向荷载和水平荷载都由钢筋混凝土墙体承受，水平地震力对墙体起剪切作用，因此称为剪力墙。剪力墙平法施工图如图 2-16 所示。

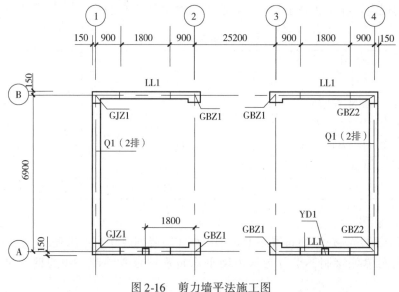

图 2-16   剪力墙平法施工图

　　框架结构中有时把框架梁柱之间的矩形空间设置一道现浇钢筋混凝土墙，用来加强框架的空间刚度和抗剪能力，这样的结构就称为框架-剪力墙结构。剪力墙结构整体性好、刚度大，在水平荷载作用下侧向变形很小，抗震性能好，也称作抗震墙，墙体的承载面积大，承载力较易满足，但结构自重较大，适宜于建造 10 ~ 50 层范围的高层建筑。另外，可采用滑升模板及大模板等先进的施工工艺，施工速度快，可缩短建造工期。剪力墙结构受楼板跨度的限制间距较小，平面布置不灵活，因此剪力墙结构适用于房屋开间较小的住宅、公寓、旅馆等。

框架-剪力墙结构兼有框架结构和剪力墙结构的优点，通过框架和剪力墙的协同工作，既可获得灵活的空间布局，又加大了结构的总体刚度，减少侧向变形，因此该体系在高层办公楼、宾馆等建筑中得到了广泛应用，适用的高度为 15~30 层，一般不超过 30 层。

第3章　工程量的计算原理

3.1　工程量计算的依据

1. 施工图及配套的标准图集

施工图及配套的标准图集，是工程量计算的基础资料和基本依据。因为，施工图全面反映建筑物（或构筑物）的结构构造、各部位的尺寸及工程做法。

2. 预算定额、工程量清单计价规范

根据工程计价的方式不同（定额计价或工程量清单计价），计算工程量应选择相应的工程量计算规则，编制施工图预算，应按预算定额及其工程量计算规则算量；若工程招标投标编制工程量清单，应按"计价规范"附录中的工程量计算规则算量。

3. 施工组织设计或施工方案

施工图主要表现拟建工程的实体项目，分项工程的具体施工方法及措施，应按施工组织设计或施工方案确定。如计算挖基础土方，施工方法是采用人工开挖还是机械开挖，基坑周围是否需要放坡、预留工作面或做支撑防护等，应以施工组织设计或施工方案为计算依据。

3.2　工程量计算的顺序

为了防止漏项，减少重复计算，在计算工程量时应该按照一定的顺序，有条不紊地进行计算。下面分别介绍工程量计算通常采用的几种顺序。

1. 按施工顺序计算

（1）计算平整场地（即为一层建筑面积）。

（2）计算建筑面积（分别计算每一层的建筑面积然后求和）。

（3）平整场地的工程量计算。

（4）基础工程的工程量计算（基础土石方、基础的砌筑）。

（5）砌筑工程的工程量计算（外墙、内墙以及零星砌体）。

（6）混凝土及钢筋混凝土工程的工程量计算（分为预制和现浇两种。其中预制的主要项目为预制过梁和模板；现浇的主要项目有：圈梁、过梁、构造柱、单梁、板、楼梯、雨篷等及其模板）。

（7）楼地面工程的工程量计算（室内各类整体和块料面层、楼梯面层、台阶、散水、坡道、踢脚、地沟等）。

（8）装饰工程的工程量计算（外墙装饰、内墙装饰、顶棚装饰、零星装饰等）。

（9）屋面工程的工程量计算（保温找平层、保温层、防水找平层、防水层、雨水管等）。

（10）门窗工程的工程量计算（木门框、扇制作，安装，运输；刷油，五金和门锁安装；塑钢窗的制作和安装）。

（11）其他工程的工程量计算（主要包括：垂运费、脚手架、大型机械进出场、超高费、垂直封闭等）。

2. 按定额顺序计算

按当地定额中的分部分项编排顺序计算工程量，即从定额的第一分部第一项开始，对照施工图，凡遇到定额所列项目，在施工图中有的，就按该分部工程量计算规则算出工程量。凡遇到定额所列项目，在施工图中没有，就忽略，继续看下一个项目。若遇到有的项目其计算数据与其他分部的项目数据相关，则先将项目列出，其工程量待有关项目工程量计算完成后，再进行计算。例如：计算墙体砌筑，该项目在定额的第四分部，而墙体砌筑的工程量为：（墙身长度 × 高度 – 门窗洞口面积）× 墙厚 – 嵌入墙内混凝土及钢筋混凝土构件所占体积 + 垛、附墙烟道等体积，这时可先将墙体砌筑项目列出，工程量计算可暂时放缓一步，待第五部分混凝土及钢筋混凝土工程及第六部分门窗工程等工程量计算完毕后，再利用计算数据补算出墙体砌筑工程量。

这种按定额编排顺序计算工程量的方法，对于初学者可以有效地避免漏算和重复计算。

3. 按图纸拟定一个有规律的顺序依次计算

（1）按顺时针顺序计算　以图纸左上角为起点，按顺时针方向依次进行计算，当按计算顺序绕图一周后又重新回到起点。这种方法一般用于各种带形基础、墙体、现浇及预制构件计算，其特点是能有效防止漏算和重复计算。

（2）按编号顺序计算　结构图中包括不同种类、不同型号的构件，而且分布在不同的部位，为了便于计算和复核，需要按构件编号顺序统计数量，然后进行计算。

（3）按轴线编号计算　对于结构比较复杂的工程量，为了方便计算和复核，有些分项工程可按施工图轴线编号的方法计算。例如在同一平面中，带形基础的长度和宽度不一致时，可按 A 轴①～③轴，B 轴③、⑤、⑦轴这样的顺序计算。

（4）分段计算　在通长构件中，当其中截面有变化时，可采取分段计算。如多跨连续梁，当某跨的截面高度或宽度与其他跨不同时可按柱间尺寸分段计算，再如楼层圈梁在门窗洞口处截面加厚时，其混凝土及钢筋工程量都应按分段计算。

（5）分层计算　该方法在工程量计算中较为常见，例如墙体、构件布置、墙柱面装饰、楼地面做法等各层不同时，都应按分层计算，然后再将各层相同工程做法的项目分别汇总项。

（6）分区域计算　大型工程项目平面设计比较复杂时，可在伸缩缝或沉降缝处将平面图划分成几个区域分别计算工程量，然后再将各区域相同特征的项目合并计算。

（7）快速计算　该方法是在基本方法的基础上，根据构件或分项工程的计算特点和规律总结出来的简便、快捷方法。其核心内容是利用工程量数表、工程量计算专用表、各种计算公式加以技巧计算，从而达到快速、准确计算的目的。

3.3　工程量计算的原则

1. 计算口径与定额一致

计算工程量时，根据施工图所列出的工程子目的口径（指工程子目所包含的内容），必须与定额中相应工程子目的口径一致。如镶贴面层项目，定额中除包括镶贴面层工料外，还包括了结合层的工料，即粘贴层不得另行计算。这就要求预算人员必须熟悉定额组成及其所包含的内容。

2. 计算规则与定额一致

工程量计算时，必须遵循定额中所规定的工程量计算规则，否则是错误的。如墙体工程量计算中，外墙长度按外墙中心线计算，内墙长度按内墙净长线计算，又如楼梯面层和台阶面层工程量按水平投影面积计算。

3. 计算单位与定额一致

工程量计算时，工程量计算单位必须与定额单位相一致。在定额中，工程量的计算单位规定为：以体积计算的为 m^3，以面积计算的为 m^2，以长度计算的为 m，以质量计算的为 t 或 kg，以件（个或组）计算的为件（个或组）。

建筑工程预算定额中大多数用扩大定额（按计算单位的倍数）的方法计算，即"$100m^3$""$10m^3$""$100m^2$""$100m$"等，如门窗工程量定额以"$100m^2$"来计量。

4. 工程量计算所使用原始数据必须与设计图相一致

工程量是按每一分项工程，根据设计图计算的。计算时所采用的数据，都必须以施工图所示的尺寸为标准进行计算，不得任意加大或缩小各部位尺寸。

5. 按施工图，结合建筑物的具体情况进行计算

一般应做到主体结构分层计算，内装修分层分房间计算，外装修分立面计算或按施工方要求分段计算。不同的结构类型组成的建筑，按不同结构类型分别计算。

3.4　工程量计算的方法

工程量计算之前，首先应安排分部工程的计算顺序，然后安排分部工程中各分项工程的计算顺序。分部分项工程的计算顺序，应根据其相互之间的关联因素确定。

同一分项工程中不同部位的工程量计算顺序，是工程量计算的基本方法。分项工程由同一种类的构件或同一工程做法的项目组成。如"预应力空心板"为一个分项工程，但由于建筑物的开间不同，板的荷载等级不同，因此出现各种不同的型号，其计算方法就是分别按板的型号逐层统计汇总数量，然后再查表计算出相应的混凝土体积及钢筋用量。再如"内墙面一般抹灰"为一个分项工程，按计算范围应包括外墙的内面及内墙的双面抹灰在内，其计算方法就是按照工程量计算规则的规定，将各楼层相同工程做法的内墙抹灰加在一起，算出内墙抹灰总面积。

计算工程量时应注意：按设计图所列项目的工程内容和计量单位，必须与相应的工程量计算规则中相应项目的工程内容和计量单位一致，不得随意改变。

为了保证工程量计算的精确度，工程数量的有效位数应遵守以下规定：以"t"为单位，应保留小数点后三位数字，第四位四舍五入；以"m^3""m^2""m"为单位，应保留小数点后两位数字，第三位四舍五入；以"个""项"等为单位，应取整数。

3.5　工程量计算的注意事项

1. 必须口径一致

参考 3.3 中的 "1. 计算口径与定额一致"。

2. 必须按工程量计算规则计算

工程量计算规则是综合和确定各项消耗指标的基本依据，也是具体工程测算和分析资料的准绳。例如，1.5 砖墙的厚度，无论施工图中所标注出的尺寸是 360mm 或 370mm，都应以计算规则所规定的 365mm 进行计算。

3. 必须按施工图计算

工程量计算时，应严格按照施工图所注尺寸进行计算，不得任意加大或缩小、任意增加或减少，以免影响工程量计算的准确性。施工图中的项目，要认真反复清查，不得漏项、余项或重复计算。

4. 必须列出计算式

在列计算式时，必须部位清楚，详细列项标出计算式，注明计算结构构件的所处位置和轴线，并保留工程量计算书，作为复查依据。在工程量计算上应力求简单明了、醒目易懂，并按一定的次序排列，以便审核和校对。

5. 必须计算准确

工程量计算的精度将直接影响工程造价确定的精度，因此，数量计算要准确。一般规定工程量的精确度应按计算规则中的有关规定执行。

6. 必须计量单位一致

工程量的计量单位，必须与计算规则中规定的计量单位相一致，才能准确地套用工程量单价。有时由于所采用的制作方法和施工要求不同，其计算工程量的计量单位是有区别的，应予以注意。

7. 必须注意计算顺序

为了计算时不遗漏项目，又不产生重复计算，应按照一定的顺序进行计算。例如对于具有单独构件（梁、柱）的设计图，可按如下的顺序计算全部工程量：首先，将独立的部分（如基础）先计算完毕，以减少图纸数量；其次，再计算门窗和混凝土构件，用表格的形式汇总其工程量，以便在计算砖墙、装饰等工程项目时运用这些计算结果；最后，按先水平面（如楼地面和屋面）、后垂直面（如砌体、装饰）的顺序进行计算。

8. 力求分层分段计算

要结合施工图尽量做到结构按楼层、内装修按楼层分房间、外装修按从地面分层施工计算。这样，在计算工程量时既可避免漏项，又可为编制工料分析和安排施工进度计划提供数据。

9. 必须注意统筹计算

各个分项工程项目的施工顺序、相互位置及构造尺寸之间存在内在联系，要注意统筹计算顺序。例如，墙基沟槽挖土与基础垫层，砖墙基础、墙体防潮层，门窗与砖墙及抹灰等之间的相互关系。通过了解这种存在的内在关系，寻找简化计算过程的途径，以达到快速、高效的计算目的。

第4章 建筑面积计算

4.1 建筑面积计算规则

1. 建筑面积概述

建筑面积也称建筑展开面积，是建筑行业的专有名词，与实用面积及实用率计算有直接关系。它是指住宅建筑外墙勒脚以上外围水平面测定的各层平面面积之和，是一个表示建筑物建筑规模大小的经济指标，也是以平方米反映房屋建筑建设规模的实物量指标。每层建筑面积按建筑物勒脚以上外围水平截面进行计算，它包括三项，即使用面积、辅助面积和结构面积。

工程的建筑面积与使用面积不同。使用面积也称地毯面积或净面积，通俗地说，就是往地下铺地毯，铺满以后地毯的面积。

使用面积实际上就是套内面积，而工程的建筑面积是在套内面积的基础上增加了每户所占的公摊面积。

2. 建筑面积的作用

（1）建筑面积是确定建设规模的重要指标，如施工图设计的建筑面积不得超过初步设计的5%，否则必须重新报批。

（2）建筑面积是确定各项经济技术指标的基础，如每平方米造价、单位建筑面积的材料消耗标准等。

（3）建筑面积是计算有关分项工程量的依据，如底层建筑面积计算室内回填土、顶棚面积等，另外也是计算脚手架、垂直运输机械费用的依据。

（4）建筑面积是选择概算指标和编制概算的主要依据。因为概算指标通常以建筑面积为计量单位。

4.2 计算建筑面积的范围

1. 建筑物

建筑物的建筑面积应按自然层外墙结构外围水平面积之和计算。结构层高在2.20m及以上的，应计算全面积；结构层高在2.20m以下的，应计算1/2面积。

【例4-1】已知某单层建筑平面图如图4-1所示，三维图如图4-2所示，层高为3.5m，墙厚为240mm，试求其建筑面积。

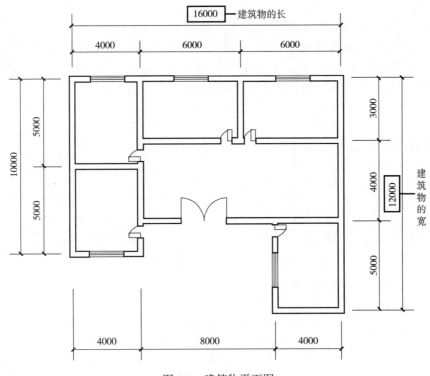

图 4-1　建筑物平面图

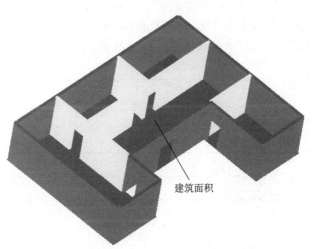

图 4-2　建筑物三维图

【解】工程量计算规则：建筑物的建筑面积应按自然层外墙结构外围水平面积之和计算。结构层高在 2.20m 及以上的，应计算全面积；结构层高在 2.20m 以下的，应计算 1/2 面积。本题中结构层高为 3.5m > 2.2m，故应计算全面积。

$$S_{建筑面积} = (4 + 0.24) \times (10 + 0.24) + (6 + 6) \times (7 + 0.24) + 5 \times (4 + 0.24)$$
$$= 43.42 + 86.88 + 21.2 = 151.5 (m^2)$$

【小贴士】式中：$(4 + 0.24) \times (10 + 0.24)$ 为左侧两间房的面积；$(6 + 6) \times (7 + 0.24)$ 为右侧上方三间房的面积；$5 \times (4 + 0.24)$ 为右下角房间的面积。

2. 局部楼层

建筑物内设有局部楼层时，对于局部楼层的二层及以上楼层，有围护结构的应按其围护结构外围水平面积计算，无围护结构的应按其结构底板水平面积计算，且结构层高在 2.20m 及以上的，应计算全面积，结构层高在 2.20m 以下的，应计算 1/2 面积。某建筑物示意图如图 4-3 所示。

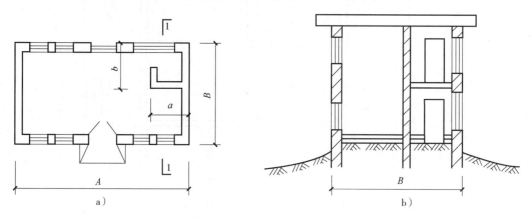

图 4-3　某建筑物示意图

a）平面图　　b）剖面图

3. 坡屋顶

对于形成建筑空间的坡屋顶，结构净高在 2.10m 及以上的部位应计算全面积；结构净高在 1.20m 及以上至 2.10m 以下的部位应计算 1/2 面积；结构净高在 1.20m 以下的部位不应计算建筑面积。坡屋顶示意图如图 4-4 所示。

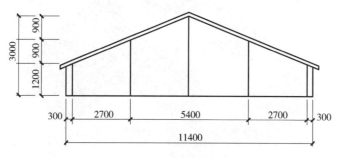

图 4-4　坡屋顶示意图

4. 看台

对于场馆看台下的建筑空间，结构净高在 2.10m 及以上的部位应计算全面积；结构净高在 1.20m 及以上至 2.10m 以下的部位应计算 1/2 面积；结构净高在 1.20m 以下的部位不应计算建筑面积。场馆看台下的建筑空间如图 4-5a 所示。

室内单独设置的有围护设施的悬挑看台，应按看台结构底板水平投影面积计算建筑面积。有顶盖无围护结构的场馆看台应按其顶盖水平投影面积的 1/2 计算面积。有顶盖无围护结构的场馆看台如图 4-5b 所示。

5. 地下室、半地下室

地下室、半地下室应按其结构外围水平面积计算。结构层高在 2.20m 及以上的，应计算全面积；结构层高在 2.20m 以下的，应计算 1/2 面积。地下室、半地下室示意图如图 4-6 所示。

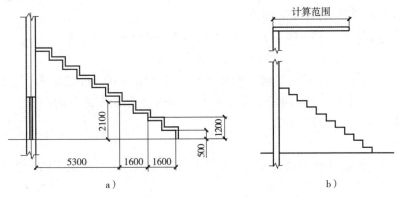

a）　　　　　　　　　　　　　　b）

图 4-5　场馆看台示意图

a）场馆看台下的建筑空间　　b）有顶盖无围护结构的场馆看台

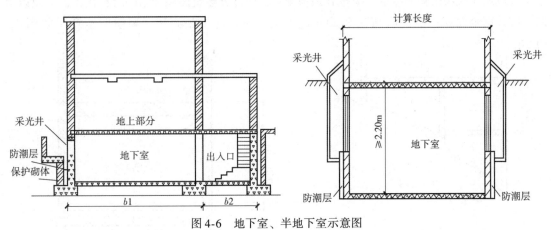

图 4-6　地下室、半地下室示意图

【例 4-2】某建筑修建了一个地下室，墙厚为 24mm，层高为 2m，地下室的尺寸如图 4-7 所示，三维图如图 4-8 所示。试根据施工图信息计算地下室的建筑面积。

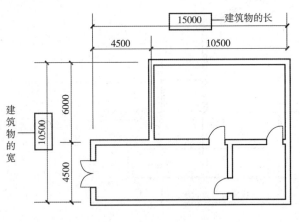

图 4-7　地下室尺寸示意图

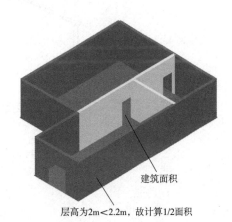

层高为 2m<2.2m，故计算 1/2 面积

图 4-8　地下室三维图

【解】工程量计算规则：地下室、半地下室应按其结构外围水平面积计算。结构层高在2.20m及以上的，应计算全面积；结构层高在2.20m以下的，应计算1/2面积，本题中结构层高为2m<2.2m，故应计算1/2面积。

$$S_{建筑面积} = [(15+0.24) \times (10.5+0.24) - 4.5 \times 6] \times 1/2$$
$$= (163.68 - 27) \times 1/2 = 68.34 (m^2)$$

【小贴士】式中：把地下室的建筑面积看作一个15m×10.5m的矩形，(15+0.24)×(10.5+0.24)为整个矩形外围水平面积，4.5×6为左上角缺少部分的面积，因为只需要计算一半的建筑面积，所以乘以1/2。

6. 坡道

出入口外墙外侧坡道有顶盖的部位，应按其外墙结构外围水平面积的1/2计算面积。

7. 架空层

架空层是指建筑物深基础或坡地建筑吊脚架空部位不回填土石方形成的建筑空间建筑物架空层及坡地建筑物吊脚架空层，应按其顶板水平投影计算建筑面积。结构层高在2.20m及以上的，应计算全面积；结构层高在2.20m以下的，应计算1/2面积。架空层示意图如图4-9所示。

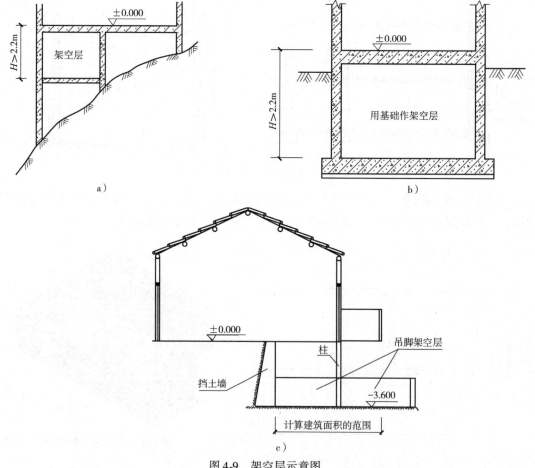

图4-9　架空层示意图

a）坡度建筑物架空层　b）用基础作架空层　c）吊脚架空层

8. 门厅、大厅

建筑物的门厅、大厅应按一层计算建筑面积，门厅、大厅内设置的走廊应按走廊结构底板水平投影面积计算建筑面积。结构层高在 2.20m 及以上的，应计算全面积；结构层高在 2.20m 以下的，应计算 1/2 面积。某建筑示意图如图 4-10 所示。

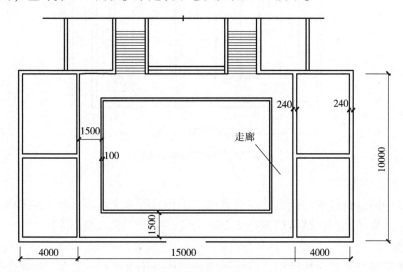

图 4-10　某建筑物示意图

9. 架空走廊

对于建筑物间的架空走廊，有顶盖和围护设施的，应按其围护结构外围水平面积计算全面积；无围护结构、有围护设施的，应按其结构底板水平投影面积计算 1/2 面积。架空走廊示意图如图 4-11 所示。

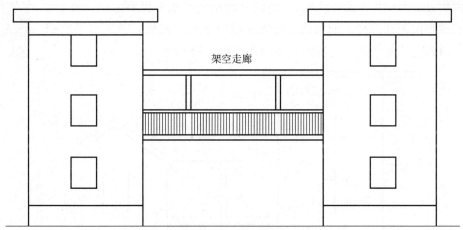

图 4-11　某架空走廊示意图

10. 立体书库、立体仓库、立体车库

对于立体书库、立体仓库、立体车库，有围护结构的，应按其围护结构外围水平面积计算建筑面积；无围护结构、有围护设施的，应按其结构底板水平投影面积计算建筑面积。无结构层的应按一层计算，有结构层的应按其结构层面积分别计算。结构层高在 2.20m 及以

上的，应计算全面积；结构层高在 2.20m 以下的，应计算 1/2 面积。某围护结构示意图如图 4-12 所示。

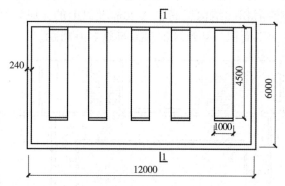

图 4-12　某围护结构示意图

11. 舞台灯光控制室

有围护结构的舞台灯光控制室，应按其围护结构外围水平面积计算。结构层高在 2.20m 及以上的，应计算全面积；结构层高在 2.20m 以下的，应计算 1/2 面积。

12. 落地橱窗

附属在建筑物外墙的落地橱窗，应按其围护结构外围水平面积计算。结构层高在 2.20m 及以上的，应计算全面积；结构层高在 2.20m 以下的，应计算 1/2 面积。

13. 窗台

窗台与室内楼地面高差在 0.45m 以下且结构净高在 2.10m 及以上的凸（飘）窗，应按其围护结构外围水平面积计算 1/2 面积。

14. 室外走廊（挑廊）

有围护设施的室外走廊（挑廊），应按其结构底板水平投影面积计算 1/2 面积；有围护设施（或柱）的檐廊，应按其围护设施（或柱）外围水平面积计算 1/2 面积。某室外走廊（挑廊）示意图如图 4-13 所示。

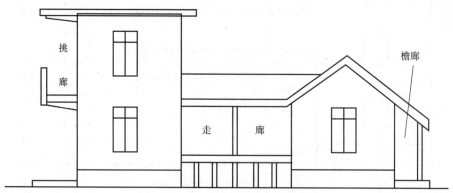

图 4-13　某室外走廊（挑廊）示意图

15. 门斗

门斗应按其围护结构外围水平面积计算建筑面积，且结构层高在 2.20m 及以上的，应计算全面积；结构层高在 2.20m 以下的，应计算 1/2 面积。门斗示意图如图 4-14 所示。

16. 门廊

门廊应按其顶板的水平投影面积的 1/2 计算建筑面积；有柱雨篷应按其结构板水平投影面积的 1/2 计算建筑面积；无柱雨篷的结构外边线至外墙结构外边线的宽度在 2.10m 及以上的，应按雨篷结构板的水平投影面积的 1/2 计算建筑面积。门廊示意图如图 4-15 所示。

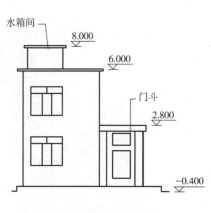

图 4-14　某门斗示意图

图 4-15　某门廊示意图

17. 楼梯间、水箱间、电梯机房

设在建筑物顶部的、有围护结构的楼梯间、水箱间、电梯机房等，结构层高在 2.20m 及以上的应计算全面积；结构层高在 2.20m 以下的，应计算 1/2 面积。水箱间、电梯机房如图 4-16 所示。

18. 不垂直于水平面的楼层

围护结构不垂直于水平面的楼层，应按其底板面的外墙外围水平面积计算。结构净高在 2.10m 及以上的部位，应计算全面积；结构净高在 1.20m

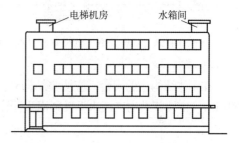

图 4-16　某水箱间、电梯机房示意图

及以上至 2.10m 以下的部位，应计算 1/2 面积；结构净高在 1.20m 以下的部位，不应计算建筑面积。围护结构不垂直于水平面的楼层如图 4-17 所示。

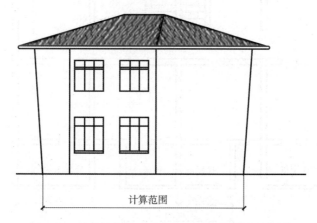

图 4-17　某围护结构不垂直于水平面的楼层示意图

19. 室内楼梯、电梯井、提物井、管道井、通风排气竖井、烟道

建筑物的室内楼梯、电梯井、提物井、管道井、通风排气竖井、烟道，应并入建筑物的自然层计算建筑面积。有顶盖的采光井应按一层计算面积，且结构净高在 2.10m 及以上的，应计算全面积；结构净高在 2.10m 以下的，应计算 1/2 面积。垃圾道、电梯井、自然层示意图如图 4-18 所示。

20. 室外楼梯

室外楼梯应并入所依附建筑物自然层，并应按其水平投影面积的 1/2 计算建筑面积。室外楼梯示意图如图 4-19 所示。

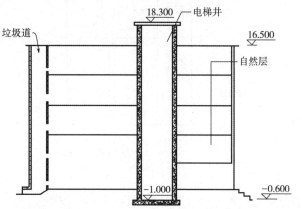

图 4-18 某垃圾道、电梯井、自然层示意图

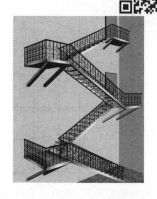

图 4-19 某室外楼梯示意图

21. 阳台

在主体结构内的阳台，应按其结构外围水平面积计算全面积；在主体结构外的阳台，应按其结构底板水平投影面积计算 1/2 面积。阳台示意图如图 4-20 所示。

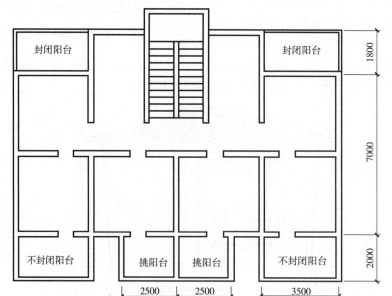

图 4-20 某阳台示意图

【例4-3】如图 4-21 所示为某建筑标准层平面图，三维图如图 4-22 所示，已知墙厚240mm，层高 3.0m，求该建筑物标准层建筑面积。

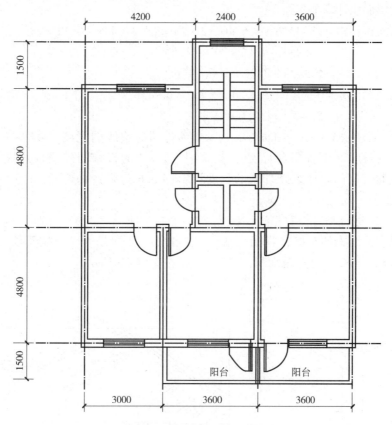

图 4-21　某建筑标准层平面图

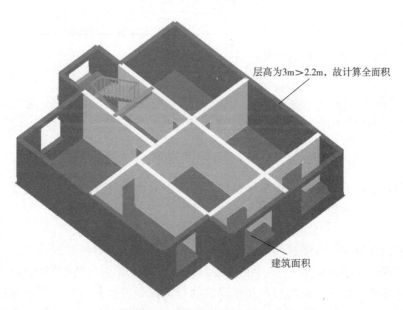

图 4-22　某建筑标准层三维图

【解】计算规则为：建筑物的建筑面积应按自然层外墙结构外围水平面积之和计算；在主体结构内的阳台，应按其结构外围水平面积计算全面积；在主体结构外的阳台，应按其结构底板水平投影面积计算 1/2 面积。

房屋建筑面积：
$$S_1 = (3 + 3.6 + 3.6 + 0.12 \times 2) \times (4.8 + 4.8 + 0.12 \times 2)$$
$$+ (2.4 + 0.12 \times 2) \times (1.5 - 0.12 + 0.12)$$
$$= 102.73 + 3.96 = 106.69 (\text{m}^2)$$

阳台建筑面积：$S_2 = 0.5 \times (3.6 + 3.6) \times 1.5 = 5.4 (\text{m}^2)$

则 $S = S_1 + S_2 = 112.09 (\text{m}^2)$

【小贴士】式中：$3 + 3.6 + 3.6 + 0.12 \times 2$ 为外墙外边线的宽度；$4.8 + 4.8 + 0.12 \times 2$ 为外墙外边线的长度（不含阳台长度）；$2.4 + 0.12 \times 2$ 为楼梯间外墙外边线宽度；$1.5 - 0.12 + 0.12$ 为楼梯间凸出建筑物外墙的长度；$3.6 + 3.6$ 为阳台总长度；1.5 为阳台凸出建筑物外墙的长度。

22. 车棚、货棚、站台、加油站、收费站

有顶盖无围护结构的车棚、货棚、站台、加油站、收费站等，应按其顶盖水平投影面积的 1/2 计算建筑面积，站台示意图如图 4-23 所示。

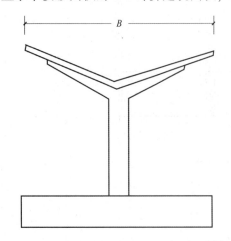
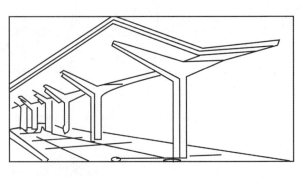

图 4-23　某站台示意图

23. 以幕墙作为围护结构的建筑物

以幕墙作为围护结构的建筑物，应按幕墙外边线计算建筑面积（装饰性幕墙不计算建筑面积）。

24. 外墙外保温层

建筑物的外墙外保温层，应按其保温材料的水平截面积计算，并计入自然层建筑面积，外墙外保温层示意图如图 4-24 所示。

25. 变形缝

变形缝包括伸缩缝、沉降缝和防震缝，它的作用是保证房屋在温度变化、基础不均匀沉降或地震时能有一些自由伸缩，以防止墙体开裂、结构破坏与室内相通的变形缝，应按其自然层合并在建筑物建筑面积内计算。对于高低联跨的建筑物，当高低跨内部连通时，其变形缝应计算在低跨面积内，变形缝示意图如图 4-25 所示。

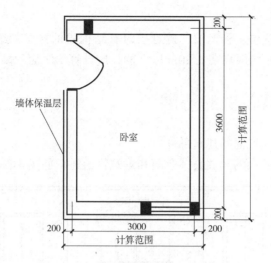

图 4-24　某外墙外保温层示意图

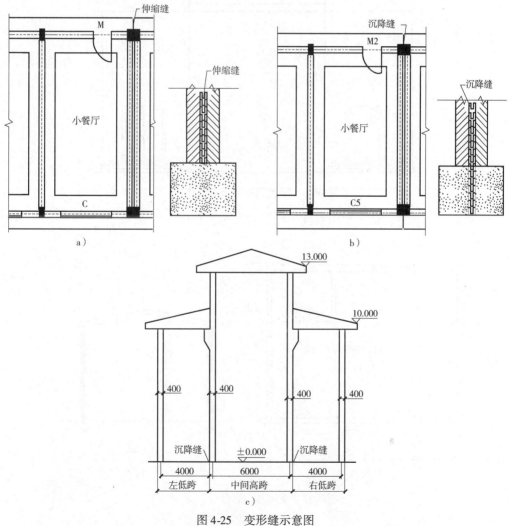

图 4-25　变形缝示意图

a）伸缩缝　b）沉降缝　c）高低连跨的建筑

26. 有结构层的楼层

对于建筑物内的设备层、管道层、避难层等有结构层的楼层，结构层高在 2.20m 及以上的，应计算全面积；结构层高在 2.20m 以下的，应计算 1/2 面积。

4.3 不计算建筑面积的范围

（1）与建筑物内不相连通的建筑部件。

（2）骑楼、过街楼底层的开放公共空间和建筑物通道，如图 4-26 所示。

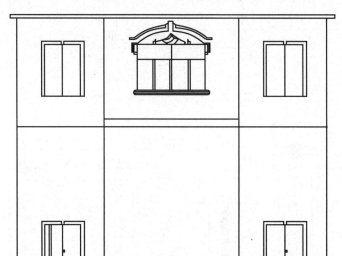

通　道

图 4-26　某建筑物通道示意图

（3）舞台及后台悬挂幕布和布景的天桥、挑台等，如图 4-27 所示。

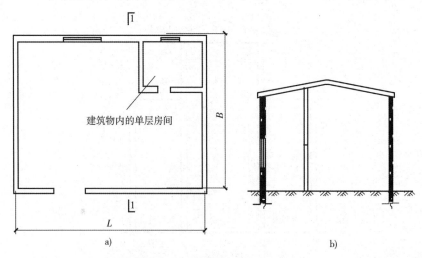

建筑物内的单层房间

a)

b)

图 4-27　某舞台、后台示意图
a）平面　b）1-1 剖面

（4）露台、露天游泳池、花架、屋顶的水箱及装饰性结构构件，如图 4-28 所示。

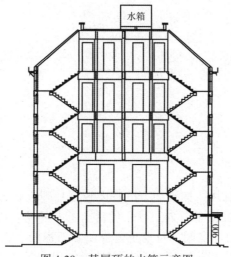

图 4-28　某屋顶的水箱示意图

（5）建筑物内的操作平台、上料平台、安装箱和罐体的平台，如图 4-29 所示。

（6）勒脚、附墙柱、垛、台阶、墙面抹灰、装饰面、镶贴块料面层、装饰性幕墙，主体结构外的空调室外机搁板（箱）、构件、配件，挑出宽度在 2.10m 以下的无柱雨篷和顶盖高度达到或超过两个楼层的无柱雨篷，均不属于建筑结构，不应计算建筑面积。如图 4-30 所示。

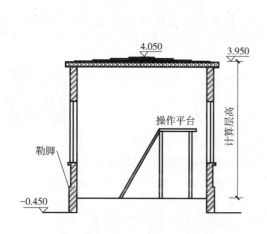

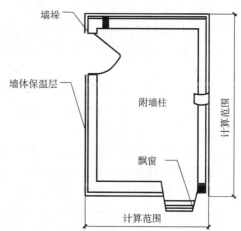

图 4-29　某建筑物内的操作平台示意图　　　图 4-30　某墙垛、墙体保温层、附墙柱、飘窗示意图

（7）窗台与室内地面高差在 0.45m 以下且结构净高在 2.10m 以下的凸（飘）窗，窗台与室内地面高差在 0.45m 及以上的凸（飘）窗。

（8）室外爬梯、室外专用消防钢楼梯。

（9）无围护结构的观光电梯。

（10）建筑物以外的地下人防通道，独立的烟囱、烟道、地沟、油（水）罐、气柜、水塔、贮油（水）池、贮仓、栈桥等构筑物。

第5章　土石方工程

5.1　单独土石方

单独土石方工程指建筑物、构筑物、市政设施等基础土石方以外的，且单独编制预结算的人工或机械土石方工程，包括土石方的挖、填、运等，适用于自然地坪与设计室外地坪之间，且挖土方或填方工程量大于5000m³的土石方工程。本章其他定额项目，适用于设计室外地坪以下的土石方（基础土石方）工程，以及自然地坪与设计室外地坪之间小于5000m³的土石方工程。单独土石方工程定额项目不能满足需要时，可以借用其他土石方工程定额项目，但应乘以系数0.9。

土石方工程施工一般需要看的施工图有：建筑总平面图（用于定位放线）、基础平面图和基础详图（确定基底标高）。

5.1.1　建筑总平面图

1. 建筑总平面图的概念

建筑总平面图是采用俯视投影的图示方法，绘制新建房屋所在基地范围内的地形、地貌、道路、建筑物、构筑物等的水平投影图，某住宅小区建筑总平面图如图5-1所示。其用途有两个：

（1）反映新建、拟建工程的总体布局以及原有建筑物和构筑物的情况。

（2）进行房屋定位、施工放线、填挖土方等的主要依据。

2. 建筑总平面图的识读技巧

（1）总平面图中的内容多数是以符号表示的。首先应熟悉图例符号的意义。

（2）看清用地范围内新建、原有、拟建、拆除建筑物或构筑物的位置。

（3）查看新建建筑物的室内和室外地面高差、道路标高、地面坡度及排水方向。

（4）根据风向频率玫瑰图看清建筑物朝向。

（5）看清新建建筑物或构筑物自身占地尺寸以及与周边建筑物相对距离。

5.1.2　基础施工图

基础施工图是建筑物地下部分承重结构的施工图，包括基础平面图（图5-2）、基础详图及必要的设计说明。基础施工图是施工放线、开挖基坑（基槽）、基础施工、计算基础工程量的依据。

5.1.3　计算土石方工程量前应确定的资料

（1）土壤及岩石类别的确定。土壤及岩石类别的划分依据工程探测资料以及土壤与岩

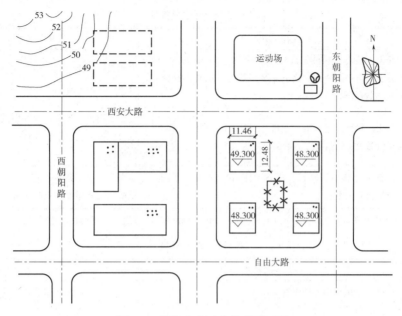

图 5-1　某住宅小区建筑总平面图

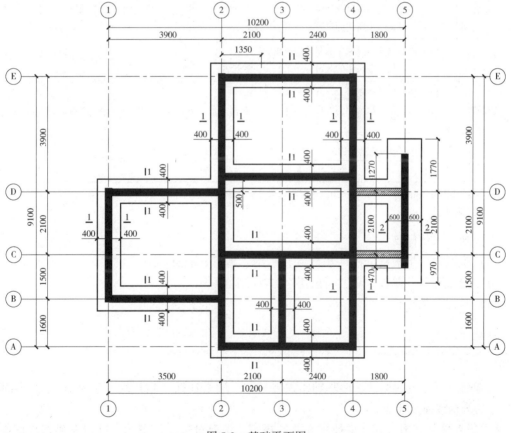

图 5-2　基础平面图

石（普氏）分类表对照确定，具体数值见表 5-1 和表 5-2。

表 5-1 土壤分类

土壤分类	土壤名称	开挖方法
一、二类土	粉土、砂土（粉砂、细沙、中砂、粗砂、砾砂）、粉质黏土、弱中盐渍土、软土（淤泥质土、泥炭、泥炭质土）、软塑红黏土、冲填土	用锹，少许用镐、条锄开挖。机械能全部直接铲挖满载者
三类土	黏土、碎石土（圆砾、角砾）、混合土、可塑红黏土、硬塑红黏土、强盐渍土、素填土、压实填土	主要用镐、条锄，少许用锹开挖。机械需部分刨松方能铲挖满载者或可直接铲挖但不能满载者
四类土	碎石土（卵石、碎石、漂石、块石）、坚硬红黏土、超盐渍土、杂填土	全部用镐、条锄挖掘，少许用撬棍挖掘。机械需普遍刨松方能铲挖满载者

注：本表中的名称及其含义按国家标准 GB 50021—2001（2009 年版）《岩土工程勘察规范》定义。

表 5-2 岩石分类

岩石分类		代表性岩石	开挖方法
极软岩		（1）全风化的各种岩石 （2）各种半成岩	部分用手凿工具、部分用爆破法开挖
硬质岩	软岩	（1）强风化的坚硬岩或较硬岩 （2）中等风化—强风化的较软岩 （3）未风化—未风化的页岩、泥岩、泥质砂岩等	用风镐和爆破法开挖
	较软岩	（1）中等风化—强风化的坚硬岩或较硬岩 （2）未风化—微风化的凝灰岩、千枚岩、泥灰岩、砂质泥岩等	用爆破法开挖
硬质岩	较硬岩	（1）微风化的坚硬岩 （2）未风化—微风化的大理岩、板岩、石灰岩、白云岩、钙质砂岩等	用爆破法开挖
	坚硬岩	未风化—微风化的花岗岩、闪长岩、辉绿岩、玄武岩、安山岩、片麻岩、石英岩、石英砂岩、硅质砾岩、硅质石灰岩等	用爆破法开挖

注：本表依据国家标准 GB/T 50218—2014《工程岩体分级标准》和 GB 50021—2001（2009 年版）《岩土工程勘察规范》整理。

(2) 地下水位标高。

(3) 土石方、沟槽基坑挖（填）起止标高、施工方法及运距。

(4) 岩石开凿、爆破方法、石碴清运方法及运距。

(5) 其他有关资料。

5.2　基础土石方

挖基础土石方包括埋设带形基础、独立基础、满堂基础（包括地下室基础）、设备基础而开挖的沟槽或基坑土方。

《中华人民共和国国家计量技术规范》规定，清单量按设计图示尺寸以基础垫层底面积乘以挖土深度计算，当无垫层时，以基础底面积乘以挖土深度计算。

《全国统一建筑工程基础定额》规定，定额量按开挖对象的不同分为挖沟槽、挖基坑及挖孔桩等，应分别计算。

5.2.1　挖沟槽工程量计算

开挖对象为沟槽时，其工程量计算公式为：

挖基础土方体积 = 垫层底面积 × 挖土深度

$\qquad$ = 沟槽计算长度 × 沟槽计算宽度 × 挖土深度

$\qquad$ = 沟槽计算长度 × 沟槽断面积

$$V_{挖} = L_{中}（L_{槽}）× F_{槽}$$

式中　$L_{中}$——沟槽中心线长度；

$\quad\quad$ $F_{槽}$——沟槽底面净长度。

【例 5-1】某施工队到一个工地施工，要挖一处沟槽用于基础施工，挖深 1.3m。沟槽基础垫层宽 0.8m，长度为 4m（图 5-3 和图 5-4），试求挖沟槽工程量。

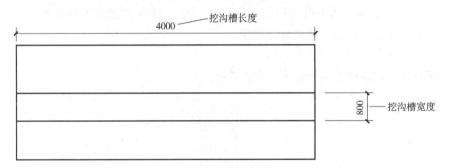

图 5-3　挖沟槽示意图

【解】清单工程量计算规则：按设计图示尺寸以体积计算。

$$V = 4 × 0.8 × 1.3 = 4.16（m^3）$$

【小贴士】式中：1.3 为挖沟槽深度，4 为挖沟槽长度，0.8 为挖沟槽基础垫层宽度。

1. 沟槽计算长度

外墙沟槽及管道沟槽按图示中心线长度（$L_{中}$）计算；内墙沟槽按图示沟槽底面净长度（$L_{槽}$）长度计算。内外突出部分（如墙垛、附墙烟囱等）体积并入沟槽工程量内。

图 5-4　沟槽三维图

沟槽计算宽度：一般按垫层宽度计算，无垫层时按基础底宽计算。

由于清单规则与定额规则在是否计取工作面上有差异，使沟槽计算宽度有差异，因而内墙沟槽的净长度计算也有差异，其差异比较见表 5-3。

表 5-3　内墙沟槽长宽取值差异比较

比较项目	清单规则	定额规则
是否计取工作面	不计取	应计取
沟槽计算宽度	垫层宽度（或基础宽度）	垫层（或基底）宽度 + 两边工作面宽度
内墙沟槽的净长度	垫层净长（或基底净长）	基底净长（或基槽净长）

2. 挖土深度

挖土深度以自然地坪到沟槽底的垂直深度计算。当自然地坪标高不明确时，可采用室外设计地坪标高计算。当沟槽深度不同时，应分别计算；管道沟的深度按分段之间的平均自然地坪标高减去管底或基础底的平均标高计算。

在清单计算规则中，一般规定计算实体工程量，不考虑因采取施工安全措施而产生的增加工作面或放坡超出的土方开挖量。由于各地区、各施工企业采用的施工措施有差别，计算定额量时可按式（5-1）计算，但应注意以下几点。

（1）沟槽宽度：一般按基底宽度加工作面计算。当基底垫层为原槽浇筑时，沟槽挖土宽度为基底宽度加工作面；当垫层需要支模时，应以垫层宽度加上两边的增加工作面作为槽底的计算宽度。

（2）在计算土方放坡工程量时，T形交接处产生的重复工程量不予扣除。例如，原槽作基础垫层时，放坡应自垫层上表面开始计算。

（3）放坡工程量和支挡土板工程量不得重复计算，凡放坡部分不得再计算支挡土板工程量，支挡土板部分不得再计算放坡工程量。

3. 垫层底面放坡的沟槽土方量计算

垫层底面放坡的沟槽土方量计算如图 5-5 所示。

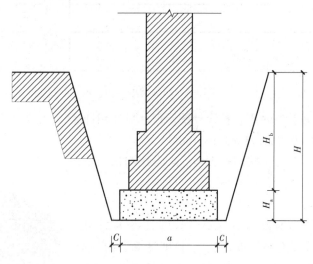

图 5-5　垫层底面放坡示意图

（1）清单计算公式

$$V_Q = Lah$$

式中　V_Q——挖沟槽土方清单量（m^3）；

　　　L——沟槽计算长度，外墙为中心线长（$L_{中}$），内墙为垫层净长（$L_{垫}$）（m）；

　　　a——垫层底宽（m）；

　　　h——挖土深度（m）。

（2）定额计算公式

$$V_d = L (a + 2C + kh) h$$

式中　V_d——挖沟槽土方定额量（m^3）；

L——沟槽计算长度，外墙为中心线长（$L_{中}$），内墙为沟槽净长（$L_{槽}$）（m）；

a——基础或垫层底宽（m）；

C——增加工作面宽度（m），设计有规定时按设计规定取值，设计无规定时按表 5-4 的规定取值；

h——挖土深度（m）；

k——放坡系数，见表 5-5，不放坡时取 $k=0$。

表 5-4　基础工作面加宽表

基础材料	每边各增加工作面宽度/mm
砖基础	200
浆砌毛石、条石基础	150
混凝土基础或垫层需要支模	300
使用卷材或防水砂浆做垂直防潮层	800

表 5-5　放坡系数（k 值）

土壤类别	放坡起点深/m	人工挖土	机械挖土	
			在坑内作业	在坑上作业
一、二类土	1.2	0.5	0.33	0.75
三类土	1.5	0.33	0.25	0.67
四类土	2.0	0.25	0.10	0.33

【例 5-2】某施工方按照设计图挖沟槽，如图5-6和图 5-7 所示，采用人工挖土，土壤类型为三类土，已知挖深 1.3m，试求挖沟槽土方工程量。

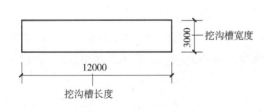

图 5-6　挖沟槽设计图　　　　　　　　图 5-7　沟槽三维图

【解】（1）清单工程量

清单工程量计算规则：按设计图示尺寸以体积计算。

$$V = 12 \times 3 \times 1.3 = 46.8 \ (m^3)$$

【小贴士】式中：1.3 为挖沟槽深度，3 为挖沟槽宽度，12 为挖沟槽长度。

（2）定额工程量

查表 5-5 得 $k=0.33$。

则放坡宽度 $b = 1.3 \times 0.33 = 0.429$（m）

所以放坡后上口宽度为：$3.0 + 0.429 = 3.429$（m）

$$V=(3.429+3)\times1.3/2\times12=50.15\ (\mathrm{m}^3)$$

（3）计价

套《河南省房屋建筑与装饰工程预算定额》子目 1-11 人工挖沟槽土方（槽深），三类土，槽深≤2m，见表5-6。

表5-6　人工挖土方定额　　　　　　　　　　　（单位：10m³）

定额编号	1－9	1－10	1－11	1－12
项目	人工挖沟槽土方（槽深）			
	一、二类土		三类土	
	≤2m	>2m，≤6m	≤2m	>2m，≤6m
基价/元	403.32	447.92	678.81	788.92
人工费/元	260.34	289.17	438.29	509.19
材料费/元	—	—	—	—
机械使用费/元	—	—	—	—
其他措施费/元	15.55	17.26	26.16	30.42
安文费/元	33.79	37.52	56.85	66.12
管理费/元	28.30	31.42	47.60	55.36
利润/元	23.44	26.02	39.42	45.85
规费/元	41.90	46.53	70.49	81.98

（"其中"竖排标于"其他措施费"至"规费"左侧）

总价：50.15÷10×678.81＝3404.23（元）

5.2.2　挖基坑工程量计算

开挖体为基坑时，其工程量计算方法可以表达为：

挖基础土方体积＝垫层（坑）底面积×挖土深度

【例5-3】某基坑底平面尺寸图如图5-8和图5-9所示，坑深5m，四边均按1:0.4的坡度放坡，坑深范围内箱形基础的体积为2000m³，截面面积为520m²，试求基坑开挖土方量。

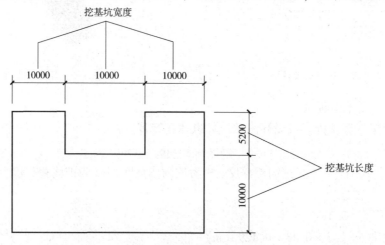

图5-8　基坑底平面尺寸示意图

图 5-9　基坑底平面三维图

【解】清单工程量计算规则：按设计图示尺寸基坑底面积乘以挖土深度以体积计算。

由题意可知，该基坑每侧边坡放坡宽度为：$5 \times 0.4 = 2$（m）

坑底面积　$F_1 = 30 \times 15.2 - 10 \times 5.2 = 404$（m^2）

坑面面积　$F_2 = (30 + 2 \times 2) \times (15.2 + 2 \times 2) - (10 - 2 \times 2) \times 5.2$

　　　　　　　$= 34 \times 19.2 - 31.2 = 621.6$（m^2）

基坑开挖量　$V = h(F_1 + 4F_0 + F_2)/6 = 4.2 \times (404 + 4 \times 520 + 621.6)/6 = 2173.92$（m^3）

需要回填的土方量 $= 2173.92 - 2000 = 173.92$（m^3）

1. 方形坑的定额计算公式

放坡方形坑示意图如图 5-10 所示。

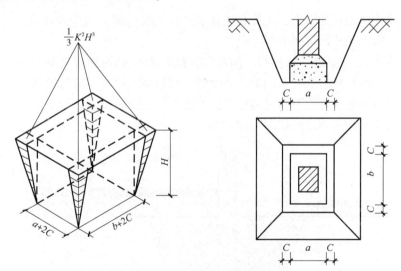

图 5-10　放坡方形坑示意图

$$V = (a + 2c + kh)(b + 2c + kh)h + \frac{1}{3}k^2h^3$$

式中　a——基础或垫层底长（m）；

　　　b——基础或垫层底宽（m）；

　　　C——增加工作面宽度（m），设计有规定时按设计规定取值，设计无规定时按表 5-4
　　　　　的规定取值；

h——挖土深度（m）；

$\dfrac{1}{3}k^2h^3$——四角的角锥增加部分体积之和的余值；

k——放坡系数。参见表5-5。不放坡时，取 $k=0$。

2. 圆形坑的定额计算公式

放坡圆形坑示意图如图5-11所示。

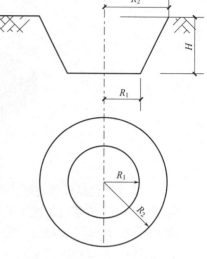

$$V_{\mathrm{d}}=\dfrac{1}{3}\pi(R_1^2+R_2^2+R_1R_2)h$$

式中　R_1——坑底半径（m），$R_1=R+C$；

R_2——坑口半径（m），$R_2=R_1+kh$；

k——放坡系数。参见表5-5。不放坡时，取 $k=0$；

π——圆周率，取3.1416；

h——挖土深度（m）。

图5-11　放坡圆形坑示意图

5.3　回填及土方运输

5.3.1　回填方

1. 土方回填的概念

土方回填是建筑工程的填土，主要有地基填土、基坑（槽）或管沟回填、室内地坪回填、室外场地回填平整等。

对地下设施工程（如地下结构物、沟渠、管线沟等）的两侧或四周及上部的回填土，应先对地下工程进行各项检查，办理验收手续后方可回填。室内回填指的是基础以上房间内的回填。基础回填是指在有地下室时是地下室外墙以外的回填土；无地下室时是指室外地坪以下的回填土。土方回填示意图如图5-12所示。

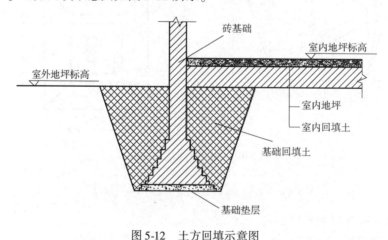

图5-12　土方回填示意图

2. 土方回填工程量计算规则

土方回填工程量计算规则为：按设计图示尺寸以体积计算。具体计算方法为：

（1）场地回填
$$场地回填土体积 = 回填面积 \times 平均回填厚度$$
（2）室内回填
$$基础回填土体积 = 室内主墙间净面积 \times 回填土厚度$$
$$回填土厚度 = 室内外设计标高差 - 垫层与面层厚度之和$$
（3）基础回填
$$基础回填土体积 = 挖基础土方体积 - 室外设计地坪以下埋入物体积$$

【例5-4】某毛石基础如图5-13、图5-14所示，基础长度为100m，回填土填至原地面，求回填土工程量。

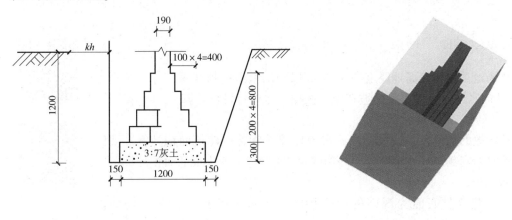

图 5-13　某毛石基础示意图　　　　图 5-14　某毛石基础三维图

【解】清单工程量计算规则：按挖方清单项目工程量减去自然地坪以下埋设的基础体积（包括基础垫层及其他构筑物）。

$$V_{人工挖土方} = (1.2 \times 100 \times 1.2) = 144 （\text{m}^3）$$

【小贴士】式中：1.2是沟槽的宽度；100是沟槽的长度；1.2是沟槽的深度。

$$V_{垫层} = 1.2 \times 100 \times 0.3 = 36 （\text{m}^3）$$

【小贴士】式中：1.2是基础垫层的长；100是基础长；0.3是垫层的高。

$$
\begin{aligned}
V_{毛石基础} &= (0.8 + 0.19) \times 100 \times 0.2 + (0.6 + 0.19) \times 100 \times 0.2 + (0.4 + 0.19) \times 100 \times \\
&\quad 0.2 + (0.2 + 0.19) \times 100 \times 0.2 + 0.19 \times 100 \times (1.2 - 0.3 - 0.8) \\
&= 19.8 + 15.8 + 11.8 + 7.8 + 1.9 \\
&= 57.10 （\text{m}^3）
\end{aligned}
$$

【小贴士】式中：（0.8 + 0.19）是基础大放脚第一层的宽度；（0.6 + 0.19）是基础大放脚第二层的宽度；（0.4 + 0.19）是基础大放脚第三层的宽度；（0.2 + 0.19）是基础大放脚第四层的宽度；100 × 0.2是基础大放脚的每层的高乘以基础的长度。

$$V_{回填土} = 144 - 36 - 57.1 = 50.90 （\text{m}^3）$$

5.3.2　土方运输

余土是指土方工程在经过挖土、砌筑基础及各种回填土之后，尚有剩余的土方，需要运出场外。如遇开挖土方为不良土质不能作为回填土时，则均按余土弃置计算。

（1）余土运输体积

$$余土运输体积 = 挖土体积 - 回填土体积 \times 1.15$$

（2）取土运输体积（当挖土工程量少于回填土工程量）

$$取土运输体积 = 回填土体积 \times 1.15 - 挖土体积$$

（3）土石方运输应按施工组织设计规定的运输距离及运输方式计算。

（4）人工取已松动的土壤时，只计算取土的运输量；取未松动的土壤时，除计算运土工程量外，还需计算挖土工程量。

5.4 平整场地及其他

5.4.1 平整场地

平整场地是指建筑场地厚度在 ±30cm 以内的就地挖填找平工作，超过 ±30cm 以外的竖向布置挖土或山坡切土，按挖土方项目另行计算。

1. 平整场地工程量计算规则

平整场地的清单量，按设计图示尺寸以建筑物首层建筑面积计算。实际平整场地时的定额量按建筑物外墙外边线每边各加 2m 所围成的面积计算。

2. 计算方法

（1）当建筑物底面为规则的四边形时，如图 5-15 所示，平整场地面积为：

清单量工程量

$$S_{场} = S_d = L \times B$$

定额工程量

$$S_{场} = （建筑物外墙外边线长边长度 +4）\times（建筑物外墙外边线宽边长度 +4）$$

即

$$S_{场} = (L+4) \times (B+4)$$

式中　S_d——建筑物首层面积（m^2）。

【例 5-5】现有一施工场地要进行施工，第一步需要场地平整。施工场地如图 5-15 所示，工地长 12m，宽 9.8m，采用人工场地平整方式，试求平整场地工程量。

图 5-15　规则的四边形场地

【解】（1）清单工程量

清单工程量计算规则：按设计图示尺寸以建筑物首层建筑面积计算。

$$S = 12 \times 9.8 = 117.6 \ (\text{m}^2)$$

（2）定额工程量

定额工程量计算规则：按建筑物外墙外边线每边各加2m所围成的面积计算。

$$S = (12 + 4) \times (9.8 + 4) = 220.8 (\text{m}^2)$$

【小贴士】式中：12为施工场地长度，9.8为施工场地宽度。

（3）计价

套《河南省房屋建筑与装饰工程预算定额》中子目 1 – 123，见表5-7。

表 5-7　场地平整定额　　　　　　　　　（单位：100m²）

定额编号		1-123	1-124
项目		人工场地平整	机械场地平整
基价/元		482.92	154.61
其中	人工费/元	311.73	7.40
	材料费/元	—	—
	机械使用费/元	—	128.55
	其他措施费/元	18.62	2.03
	安文费/元	40.46	4.41
	管理费/元	33.88	3.69
	利润/元	28.06	3.06
	规费/元	50.17	5.47

计价：$220.8 \div 100 \times 482.92 = 1066.29$（元）

（2）当建筑物底面为不规则的图形时，则其平整场地面积为：

清单量

$$S_\text{场} = S_\text{d}$$

定额量

$$S_\text{场} = 建筑物首层建筑面积 + 建筑物外墙外边线宽边长度 \times 2 + 16\text{m}^2$$

即

$$S_\text{场} = S_\text{d} + L_\text{外} \times 2 + 16\text{m}^2$$

式中　$L_\text{外}$——建筑物外墙外边线宽边长度（m）；

16——底面各边增加2m后，没有计算到的四个角的面积之和。

5.4.2　挖管沟土方

管沟土方指预埋管时，开挖埋管管沟产生的土方量。管沟土方项目适用于管道（给水排水、工业、电力、通信）、光（电）缆沟（包括人孔、手孔、接口坑）及连接井（检查井）等。

现场挖管沟土方如图5-16所示。

图 5-16 现场挖管沟土方

工程量计算：

（1）以米为单位计量，按设计图示以管道中心线长度计算。

（2）以立方米为单位计量，按设计图示管底垫层面积乘以挖土深度计算；无管底垫层按管外径的水平投影面积乘以挖土深度计算。不扣除各类井的长度，井的土方并入。

5.4.3 石方工程

挖石方应按自然地面测量标高至设计地坪标高的平均厚度确定。基础石方开挖深度应按基础垫层底表面标高至交付施工场地标高确定，无交付施工场地标高时，应按自然地面标高确定。

1. 挖一般石方

（1）石方开挖 除松软岩石可用松土器以凿裂法开挖外，一般需以爆破的方法进行松动、破碎。人工和半机械化开挖，使用锹镐、风镐、风钻等简单工具，配合挑抬或者简易小型的运输工具进行作业，适用于小型水利工程。有些灌溉排水沟渠的施工直接使用开沟机，可以一次成形。大中型水利工程的土石方开挖，多用机械施工。

（2）挖一般石方的界定范围 坑底宽度在 7m 以上及坑底面面积在 150m^{2}以上的为挖一般石方。

（3）工程量计算规则 按设计图示尺寸以体积计算。

2. 挖沟槽石方

（1）挖沟槽石方的界定范围 场地底宽≤7m 且底长 >3 倍底宽为挖沟槽石方。

（2）工程量计算规则 按设计图示尺寸沟槽底面积乘以挖石深度以体积计算。

3. 挖基坑石方

（1）挖基坑石方的界定范围 底长≤3 倍底宽且底面积≤150m^2 为挖基坑石方。

（2）工程量计算规则 按设计图示尺寸基坑底面积乘以挖石深度以体积计算。

【例 5-6】假设在一次坚石地带人工开挖一方形基坑，其示意图与三维图如图 5-17 和图 5-18 所示，试求石方开挖工程量。

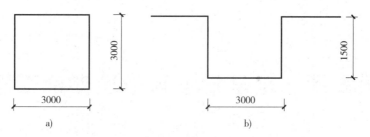

图 5-17　方形基坑示意图

a）平面图　　b）剖面图

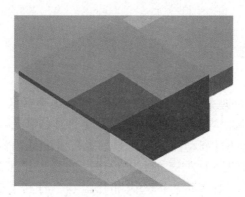

图 5-18　方形基坑三维图

【解】清单工程量计算规则：挖基坑石方的工程量按设计图示尺寸基坑底面积乘以挖石方深度以体积计算。

$$V_{基坑石方} = 3.0 \times 3.0 \times 1.5 = 13.5 \ （m^3）$$

【小贴士】式中：3.0 是基坑的边长；1.5 是基坑的深度。

4. 挖管沟石方

工程量计算规则：

（1）以米为单位计量，按设计图示以管道中心线长度计算。

（2）以立方米为单位计量，按设计图示管底垫层面积乘以挖土深度计算；无管底垫层按管外径的水平投影面积乘以挖土深度计算。

第6章　地基处理与边坡支护工程

6.1　地基处理

6.1.1　孔内深层强夯法

1. 基本概念

孔内深层强夯法地基处理是先在地基内成孔，将强夯重锤放入孔内，边加料边强夯或分层填料后强夯。与其他技术不同之处：通过孔道将强夯引入到地基深处，用异形重锤对孔内填料自下而上分层进行高动能、超压强、强挤密的孔内深层强夯作业，使孔内的填料沿竖向深层压密固结的同时对桩周土进行横向的强力挤密加固，针对不同的土质，采用不同的工艺，使桩体呈串珠状、扩大头和托盘状，有利于桩与桩间土的紧密咬合，增大相互之间的摩阻力，地基处理后整体刚度均匀，承载力可提高 2 ~ 9 倍；变形模量高，沉降变形小，不受地下水影响，地基处理深度可达 30m 以上。

该技术可根据不同的地质情况和设计要求就地取材，如：建筑渣土、工业无毒废料、素土、砂、毛石、砂卵石、粉煤灰、土夹石、灰土和混凝土等材料均可做成各种 DDC 桩；大幅度降低工程造价、施工质量容易控制、地面振动小、施工噪声低、施工速度快；成桩直径 0.6 ~ 3.0m，单桩处理面积 1.0 ~ 14.0m²，不受季节限制，同时能消纳大量建筑垃圾，可在城区或危房改造居民区施工。

2. 适用范围

孔内深层强夯法适用范围广，可适用于大厚度杂填土、湿陷性黄土、软弱土、液化土、风化岩、膨胀土、红粘土以及具有地下人防工事、古墓、岩溶土洞、硬夹层软硬不均等各种复杂疑难的地基处理。

6.1.2　换填垫层

1. 基本概念

当建筑物基础下的持力层比较软弱、不能满足上部结构荷载对地基的要求时，常采用换填土垫层来处理软弱地基。即将基础下一定范围内的土层挖去，然后回填强度较大的砂、砂石或灰土等，并分层夯实至设计要求的密实程度，作为地基的持力层。

2. 适用范围

换填法适用于浅层地基处理，包括淤泥、淤泥质土、松散素填土、杂填土、已完成自重固结的吹填土等地基处理以及暗塘、暗沟等浅层处理和低洼区域的填筑。换填法还适用于一些地域性特殊土的处理，用于膨胀土地基可消除地基土的胀缩作用，用于湿陷性黄土地基可消除黄土的湿陷性，用于山区地基可处理岩面倾斜、破碎、高低差、软硬不匀以及岩溶等，用于季节性冻土地基可消除冻胀力和防止冻胀损坏等。

3. 工程量计算规则

换填垫层的工程量按设计图示尺寸以体积计算。

【例6-1】 某工程施工地基下有松软层，需要用换填垫层法进行施工，示意图如图6-1所示，三维图如图6-2所示。地基长12m，地基宽6.5m，试根据清单工程量计算规则计算换填垫层工程量。

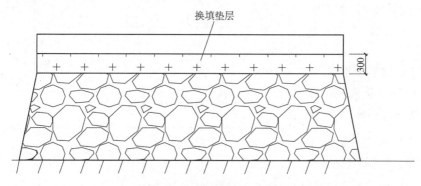

图6-1　地基换填垫层示意图

图6-2　地基换填垫层三维图

【解】 清单工程量计算规则：按设计图示尺寸以体积计算。

$$V = 12 \times 6.5 \times 0.3 = 23.4 \ (m^3)$$

【小贴士】 式中：12×6.5 为换填垫层的面积，0.3 为换填垫层的厚度。

6.1.3　强夯法

1. 基本概念

强夯法又称动力固结法，是指为提高软弱地基的承载力，利用起吊设备，将 $10 \sim 40t$ 的重锤提升至 $10 \sim 40m$ 高处使其自由下落，依靠强大的夯击能和冲击波作用夯实土层的方法。

2. 适用范围

强夯法适用于处理碎石土、砂土、低饱和度的粉土与黏性土、湿陷性黄土、杂填土和素填土等地基。对非饱和的黏性土地基，一般采用连续夯击或分遍间歇夯击的方法；并根据工程需要通过现场试验以确定夯实次数和有效夯实深度。对高饱和度的粉土与黏性土等地基，当采用在夯坑内回填块石、碎石或其他粗颗粒材料进行强夯置换时，应通过现场试验确定其适用性。

强夯不得用于不允许对工程周围建筑物及设备有一定振动影响的地基加固，必需时，应采取防振、隔振措施。

3. 工程量计算规则

按设计图示处理范围以面积计算。

【例6-2】某工地地基施工采用强夯地基处理，如图6-3所示，有7个机位点同时开始工作，锤距地面10m，重20t，每个机器夯击4次，求强夯地基工程量。

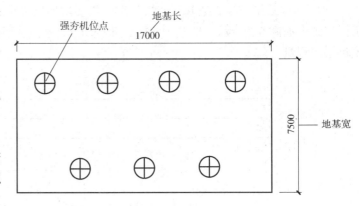

图6-3 地基施工示意图

【解】（1）清单工程量

清单工程量计算规则：按设计图示处理范围以面积计算。

$$S = 17 \times 7.5 = 127.5 \ (\text{m}^2)$$

【小贴士】式中：17为地基的长度，7.5为地基的宽度。

（2）定额工程量

定额工程量和清单工程量相同，为127.5m²。

（3）计价

套《河南省房屋建筑与装饰工程预算定额》中子目2-15，见表6-1。

表6-1 强夯地基定额 （单位：100m²）

定额编号		2-15	2-16	2-17	2-18	2-19
项 目		夯击能≤2000kN·m				低锤满拍
		7夯点		≤4夯点		
		4击	每增减1击	4击	每增减1击	
基价/元		991.71	180.71	566.39	103.65	1698.36
其中	人工费/元	197.19	35.90	112.70	20.48	338.10
	材料费/元	—	—	—	—	—
	机械使用费/元	590.85	107.85	337.30	61.95	1011.90
	其他措施费/元	13.47	2.44	7.70	1.40	23.04
	安文费/元	29.27	5.31	16.73	3.05	50.07
	管理费/元	75.42	13.69	43.10	7.86	129.00
	利润/元	49.21	8.96	28.12	5.13	84.17
	规费/元	36.30	6.59	20.74	3.78	62.08

计价：127.5 ÷ 100 × 991.71 = 1264.43（元）

6.1.4 砂石桩法

1. 基本概念

砂石桩法是指采用振动、冲击或水冲等方式在软弱地基中成孔后，再将砂或碎石挤压入已成的孔中，形成大直径的砂石所构成的密实桩体，包括碎石桩、砂桩和砂石桩，总称为砂石桩。砂石桩与土共同组成基础下的复合土层作为持力层，从而提高地基承载力和减小变形。

2. 适用范围

砂石桩法适用于挤密松散砂土、粉土、黏性土、素填土、杂填土等地基，提高地基的承载力和降低压缩性，也可用于处理可液化地基。对饱和黏土地基上变形控制不严的工程也可采用砂石桩置换处理，使砂石桩与软黏土构成复合地基，加速软土的排水固结，提高地基承载力。

3. 工程量计算规则

（1）以米计量，按设计图示尺寸以桩长（包括桩尖）计算。

（2）以立方米计量，按设计桩截面面积乘以桩长（包括桩尖）以体积计算。

【例6-3】某二类土工地采用灌注砂石桩，共100根，如图6-4、图6-5所示，试根据清单工程量计算规则计算求砂石桩工程量。

【解】清单工程量计算规则

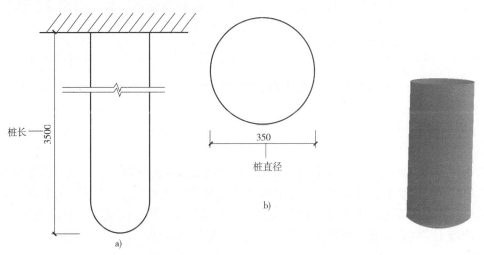

桩长——3500
350
桩直径

b)

a)

图6-4 砂石桩示意图　　　　　　　　　　　　图6-5 砂石桩三维图
a）立面　　b）剖面

（1）以米计量，按设计图示尺寸以桩长（包括桩尖）计算。

$$砂石桩工程量 = 图示工程量 = 3.5（m）$$

（2）以立方米计量，按设计桩截面面积乘以桩长（包括桩尖）以体积计算。

$$V = 3.5 \times (0.35^2 \times 3.14)/4 \times 100 = 33.66（m^3）$$

【小贴士】式中：$0.35^2 \times 3.14$ 是砂石桩横截面面积，$3.5 \times (0.35^2 \times 3.14)/4$ 是一根砂石桩的体积，100为砂石桩的根数。

【例6-4】 某施工单位正在进行砂石桩施工，如图6-6、图6-7所示，钻头已经钻入，试求40根砂石桩的工程量。

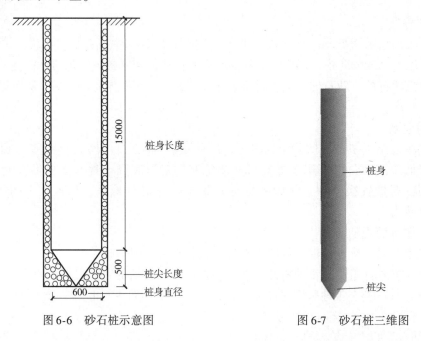

图6-6　砂石桩示意图　　　　　　图6-7　砂石桩三维图

【解】 清单工程量计算规则：以立方米计量，按不同截面面积在桩长范围内以体积计算。

$$工程量 = \left[3.14 \times (0.6/2)^2 \times 15 + \frac{1}{3} \times 3.14 \times (0.6/2)^2 \times 0.5\right] \times 40 = 171.444 \, (m^3)$$

【小贴士】 式中：$3.14 \times (0.6/2)^2$ 表示管桩的截面面积，15表示桩长，40表示根数。

6.1.5　预压法、振冲法

1. 预压法

预压法指的是为提高软弱地基的承载力和减少构造物建成后的沉降量，预先在拟建构造物的地基上施加一定静荷载，使地基土压密后再将荷载卸除的压实方法。对软土地基预先加压，使大部分沉降在预压过程中完成，相应地提高了地基强度。预压法适用于淤泥质粘土、淤泥与人工冲填土等软弱地基。预压法分不排水预压、排水预压和联合预压三类。

2. 振冲法

振冲法又称振动水冲法，是以起重机吊起振冲器，启动潜水电机带动偏心块，使振动器产生高频振动，同时起动水泵，通过喷嘴喷射高压水流，在边振边冲的共同作用下，将振动器沉到土中的预定深度。经清孔后，从地面向孔内逐段填入碎石，使其在振动作用下被挤密实。达到要求的密实度后即可提升振动器，如此反复直至到达地面，在地基中形成一个大直径的密实桩体与原地基构成复合地基，提高地基承载力，减少沉降，是一种快速、经济有效的加固方法。

3. 清单工程量计算规则

预压地基、振冲密实（不填料）的工程量按设计图示处理范围以面积计算。

6.1.6　褥垫层

1. 基本概念

褥垫层是 CFG 复合地基中解决地基不均匀的一种方法。如建筑物一边在岩石地基上，一边在黏土地基上时，采用在岩石地基上加褥垫层（级配砂石）来解决。如图 6-8 所示。

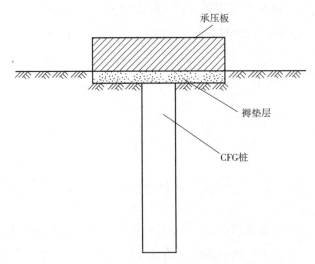

图 6-8　褥垫层示意图

褥垫层不仅仅用于 CFG 桩，也用于碎石桩、管桩等，以形成复合地基，保证桩和桩间土的共同作用。

2. 清单工程量计算规则

（1）以平方米计量，按设计图示尺寸以铺设面积计算。

（2）以立方米计量，按设计图示尺寸以体积计算。

【例 6-5】有一长 13m、宽 6m 的地基工程，在下面铺设褥垫层，如图 6-9 所示，试根据清单工程量计算规则计算褥垫层的工程量。

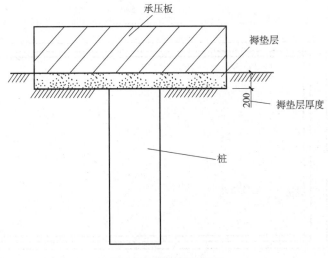

图 6-9　褥垫层示意图

【解】清单工程量计算规则：

（1）以平方米计量，按设计图示尺寸以铺设面积计算。

$$褫垫层工程量 = 13 \times 6 = 78 （m^2）$$

（2）以立方米计量，按设计图示尺寸以体积计算。

$$褫垫层工程量 = 13 \times 6 \times 0.2 = 15.6 （m^3）$$

【小贴士】式中：13×6 为褫垫层面积。

6.2 基坑与边坡支护

6.2.1 地下连续墙

1. 基本概念

地下连续墙是指基础工程中，采用一种挖槽机械，在地面上沿着深开挖工程的周边轴线，在泥浆护壁条件下，开挖出一条狭长的深槽；清槽后，在槽内吊放钢筋笼，然后用导管法灌筑水下混凝土筑成一个单元槽段，如此逐段进行，在地下筑成一道连续的钢筋混凝土墙壁，作为截水、防渗、承重、挡水结构。

2. 适用范围

地下连续墙对土壤的适应范围很广，可以应用于软弱的冲积层、中硬地层、密实的砂砾层以及岩石的地基中等。现实生活中如房屋的深层地下室、地下停车场、地下街、地下铁道、地下仓库、矿井等均可应用。

3. 清单工程量计算规则

按设计图示墙中心线长度乘以厚度乘以槽深以体积计算。

【例6-6】某地下连续墙施工，如图6-10所示。挖槽深度为1.3m，试根据清单工程量计算地下连续墙的工程量。

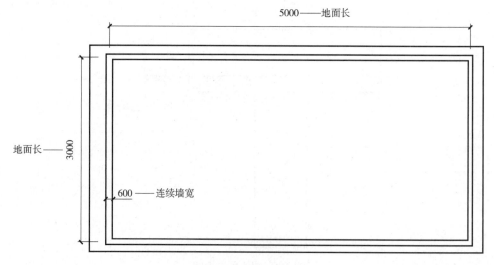

图6-10 地下连续墙示意图

【解】地下连续墙清单工程量计算规则：按设计图示墙中心线长度乘以厚度乘以槽深以体积计算。

$$V = (5 + 3) \times 2 \times 1.3 \times 0.6 = 12.48 \quad (\text{m}^3)$$

【小贴士】式中：$(5 + 3) \times 2$ 为地下连续墙的中心线的长度。

6.2.2　钢板桩

1. 基本概念

板桩是指打（振）入地基内以抵抗水平方向的压力及水压力的板型桩，板桩在水利工程中多用于围堰或防渗。常用的板桩为木板桩及钢板桩。钢板桩是带有锁口的一种型钢，其截面有直板形、槽形及 Z 形等，有各种大小尺寸及联锁形式。常见的有拉尔森式、拉克万纳式等。其优点为：强度高，容易打入坚硬土层；可在深水中施工，必要时加斜支撑成为一个围笼；防水性能好；能按需要组成各种外形的围堰，并可多次重复使用。钢板桩现场图如图 6-11 所示，钢板桩构造示意图如图 6-12 所示。

图 6-11　钢板桩现场图

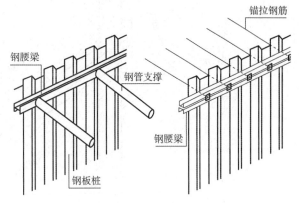

图 6-12　钢板桩构造示意图

2. 适用范围

钢板桩的应用贯穿整个建筑工业，包括传统的水利工程和民用工程的使用、铁路和电车轨道的应用和环境污染的控制应用。

3. 清单工程量计算规则

以吨计量，按设计图示尺寸以质量计算。以平方米计量，按设计图示墙中心线长乘以桩长以面积计算。

6.2.3　锚杆

1. 基本概念

钻凿岩孔，然后在岩孔中灌入水泥砂浆并插入一根钢筋，当砂浆凝结硬化后钢筋便锚固在围岩中，能有效地控制围岩或浅部岩体变形，防止其滑动和坍塌。这种插入岩孔、锚固在围岩中从而对围岩或上部岩体起到支护作用的钢筋称为"锚杆"。整根锚杆分为自由段和锚固段，自由段是指将锚杆头处的拉力传至锚固体的区域，其功能是对锚杆施加预应力。锚杆实物图如图 6-13 所示，锚杆构造示意图如图 6-14 所示。

图 6-13　锚杆实物图

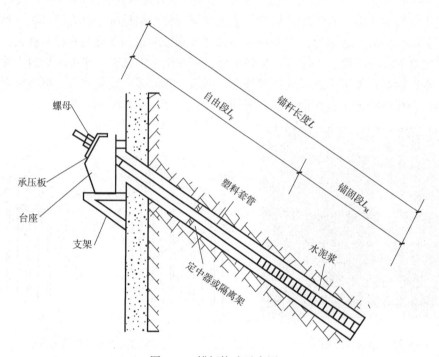

图 6-14　锚杆构造示意图

2. 清单工程量计算规则

（1）以米计算，按设计图示尺寸以钻孔深度计算。

（2）以根计算，按设计图示数量计算。

【例 6-7】某基坑边坡为 8m×10m 的一个矩形，该边坡采用锚杆支护。已知该锚杆钻孔直径为 3cm，每根可承担 2m×2m 范围内的稳定，试计算该隧道所需锚杆的工程量。

【解】锚杆的清单工程量计算规则：以根计算，按设计图示数量计算。

$$锚杆工程量 = 8 \times 10 \div (2 \times 2) = 20（根）$$

【小贴士】式中：8×10 为需要锚杆支护的面积；2×2 为一根锚杆能支护的范围。

6.2.4　喷射混凝土、水泥砂浆

1. 基本概念

喷射混凝土是一种原材料与普通混凝土相同，而施工工艺特殊的混凝土。喷射混凝土是将水泥、砂、石按一定的比例混合搅拌后，送入混凝土喷射机中，用压缩空气将干拌合料压送到喷头处，在喷头的水环处加水后，高速喷射到巷道围岩表面，起支护作用的一种支护形式和施工方法。

2. 清单工程量计算规则

按设计图示尺寸以面积计算。

【例 6-8】某工地基坑边坡处理采用喷射混凝土的方法，采用 C20 混凝土，喷射厚度为 20mm。此边坡如图 6-15 所示。试计算喷射混凝土的工程量。

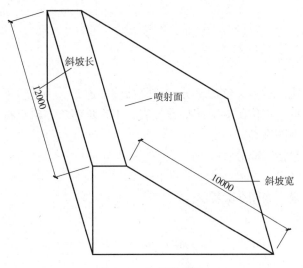

图 6-15　边坡示意图

【解】喷射混凝土、水泥砂浆清单工程量计算规则：按设计图示尺寸以面积计算。

$$喷射混凝土工程量 = 12 \times 10 = 120 （m^2）$$

第 7 章 桩基工程

7.1 桩基工程图识读

桩基施工是房屋建造最为关键的部分。万丈高楼平地起，一栋房子质量的好坏关键在于基础，基础在于桩。审查桩位图要对照桩数量表、工程量清单，清点桩数量，看清原位标注和集中标注，看清各种图例等。

桩基工程图一般包括三部分：

1. 施工平面图

了解桩位平面布置，如图 7-1 所示。

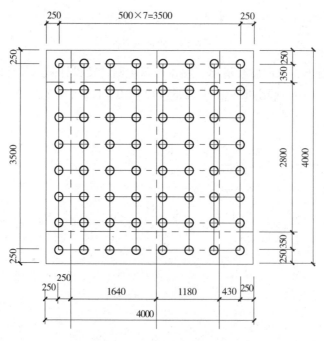

图 7-1　桩位布置平面示意图

2. 桩基立面图

了解桩基标高、桩径及桩长的数据，如图 7-2 所示。

3. 桩基钢筋图

了解桩基钢筋笼的条数、长度及位置等。看图需要阅读设计总说明，准备相应的标准、

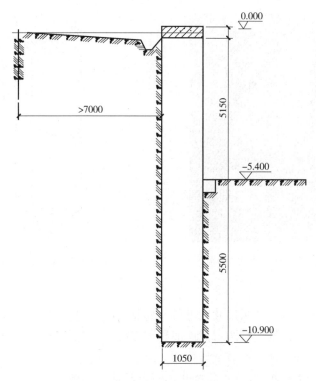

图 7-2　桩基立面示意图

规范、规程和标准图集。先看总图，了解基本布局和大致层次轮廓；再看细部详图，了解每一小块的结构，明确桩基的形状、大小、材料以及类型，明确桩基各部位的标高，计算基础的埋深。

7.2　预制桩

7.2.1　预制钢筋混凝土方桩

1. 预制钢筋混凝土方桩概念

预制钢筋混凝土方桩是指在预制构件加工厂预制，经过养护，达到设计强度后，运至施工现场，用打桩机打入土中，然后在桩的顶部浇筑承台梁（板）基础。

2. 预制钢筋混凝土方桩要求

预制钢筋混凝土桩采用的混凝土强度等级不应低于 300，桩的受力钢筋直径不应小于 12mm，一般配置 4 ~ 8 根主筋。为了抵抗锤击和穿越土层，在桩顶和桩尖部分应加密箍筋，把桩尖处的主筋弯起，并焊在一根芯棒上。钢筋

混凝土预制桩具有制作简便、强度高、刚度大和可制成各种截面形状的优点，是被广泛采用的一种桩型。预制钢筋混凝土方桩如图 7-3、图 7-4 所示。

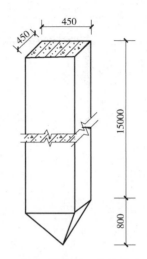

图 7-3　预制钢筋混凝土方桩实物图　　　图 7-4　预制钢筋混凝土方桩构造示意图

3. 工程量计算规则

（1）以米计量，按设计图示尺寸以桩长（包括桩尖）计算。

（2）以立方米计量，按设计图示截面面积乘以桩长（包括桩尖）以体积计算。

（3）以根计量，按设计图示数量计算。

【例 7-1】某工程需打桩 30 根，每根桩由三段接成，如图 7-5 所示，求接桩工程量。

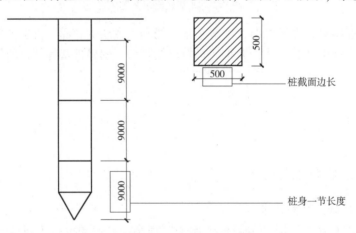

图 7-5　硫磺胶泥接桩示意图

【解】清单工程量计算规则：硫磺胶泥接桩按桩断面以平方米计算；以根计量，按设计图示数量计算。

预制钢筋混凝土桩工程量＝图示工程量＝30（根）

硫磺胶泥接桩工程量＝0.5×0.5×（3－1）×30＝15（m²）

【小贴士】式中：0.5×0.5 是指桩身的截面面积，（3-1）表示接头的个数，30 表示根数。

【例 7-2】某工程打预制钢筋混凝土方桩，如图 7-6、图 7-7 所示。试求预制桩的工程量。

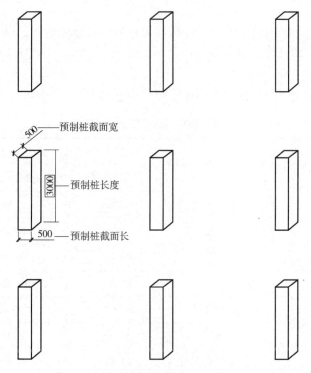

图 7-6 工程预制钢筋混凝土方桩示意图

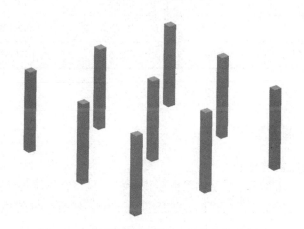

图 7-7 工程预制钢筋混凝土方桩三维示意图

【解】（1）清单工程量

①以米计量，按设计图示尺寸以桩长（包括桩尖）计算。

$$预制钢筋混凝土方桩工程量 = 3 \times 9 = 27（m）$$

【小贴士】式中：3 为一根预制桩的长度，9 为预制桩的总数量。

②以立方米计量，按设计图示截面面积乘以桩长（包括桩尖）以体积计算。

$$预制钢筋混凝土方桩工程量 = 0.5 \times 0.5 \times 3 \times 9 = 6.75（m^3）$$

③以根计量，按设计图示数量计算。

$$预制钢筋混凝土方桩工程量 = 图示工程量 = 9（根）$$

（2）定额工程量

打、压预制混凝土桩按设计桩长（包括桩尖）乘以桩截面面积，以体积计算。

预制钢筋混凝土方桩工程量 $=0.5 \times 0.5 \times 3 \times 9 = 6.75$ （m^3）

（3）计价

套《河南省房屋建筑与装饰工程预算定额》中子目3-1，见表7-1。

表7-1　预制钢筋混凝土方桩定额　　　　　　　　　　（单位：$10m^3$）

定额编号		3-1	3-2	3-3	3-4
项目		打预制钢筋混凝土方桩（桩长）			
		≤12m	≤25m	≤45m	>45m
基价/元		2329.75	2546.90	2186.69	2017.67
其中	人工费/元	601.27	498.48	427.19	371.85
	材料费/元	61.56	62.25	62.98	63.71
	机械使用费/元	1015.02	1445.8	1235.02	1179.55
	其他措施费/元	37.39	30.99	26.47	23.09
	安文费/元	81.26	67.36	57.53	50.18
	管理费/元	261.72	216.94	185.28	161.62
	利润/元	170.77	141.56	120.89	105.45
	规费/元	100.76	83.52	71.33	62.22

计价：$6.75 \div 10 \times 2329.75 = 1572.58$ （元）

7.2.2　预制钢筋混凝土管桩

1. 预制钢筋混凝土管桩概念

钢筋混凝土预应力管桩又称预制钢筋混凝土管桩，是指在预制构件加工厂预制，经过养护达到设计强度后，运至施工现场，用打桩机打入土中，然后在桩的顶部浇筑承台梁（板）基础。

2. 预制钢筋混凝土管桩要求

预制钢筋混凝土管桩采用的混凝土强度等级不应低于C30。桩的受力钢筋直径不应小于12mm，一般配置4~8根主筋。为了抵抗锤击和穿越土层，在桩顶和桩尖部分应加密箍筋，并把桩尖处的主筋弯起，并焊在一根芯棒上。钢筋混凝土预制桩具有制作简便、强度高、刚度大和可制成各种截面形状的优点，是被广泛采用的一种桩型。管桩标记示意图如图7-8所示。

3. 工程量计算规则

（1）以米计量，按设计图示尺寸以桩长（包括桩尖）计算。

（2）以立方米计量，按不同截面在桩长范围内以体积计算。

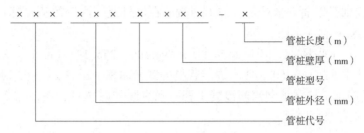

图 7-8　管桩标记示意图

（3）以根计量，按设计图示数量计算。

【例 7-3】如图 7-9 所示，某工程有 88 根钢筋混凝土管桩，型号为 PHC-AB 800-30-15.6，采用硫磺胶泥接桩，柴油打桩机打桩，试计算打桩工程量。

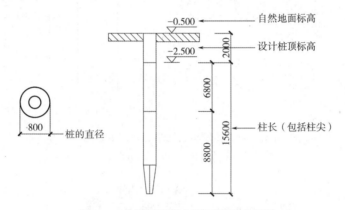

图 7-9　某钢筋混凝土预制管桩示意图

【解】清单工程量计算规则：以立方米计量，按设计图示截面面积乘以桩长（包括桩尖）以体积计算。

$$预制钢筋混凝土管桩工程量 = 0.4^2 \times 3.14 \times 15.6 \times 88 = 689.69 （m^3）$$

【小贴士】式中：$0.4^2 \times 3.14$ 为预制桩的横截面面积。

【例 7-4】如图 7-10 所示，已知土质为二类土，试求 100 根套管成孔灌注桩的工程量。

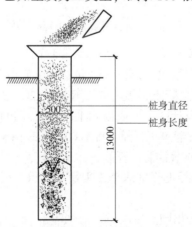

图 7-10　套管成孔灌注桩示意图

【解】 计算规则：以立方米计量，按不同截面在桩长范围内以体积计算；以根计量，按设计图示数量计算。

$$工程量 = 3.14 \times (0.5/2)^2 \times 13 \times 100 = 255.125 \ (m^3)$$

【小贴士】 式中：$3.14 \times (0.5/2)^2$ 表示管桩的截面面积，13 表示桩长，100 表示根数。

【例 7-5】 某施工工地打预制钢筋混凝土管桩示意图如图 7-11、图 7-12 所示。试求预制钢筋混凝土管桩工程量。

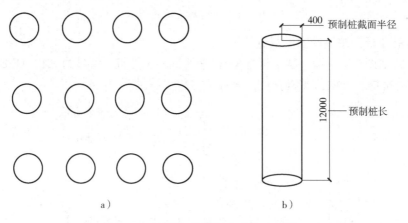

a）   b）

图 7-11 预制钢筋混凝土管桩示意图

a）平面图 b）立面图

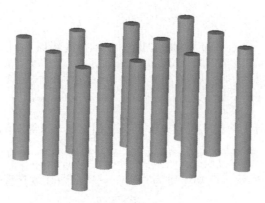

图 7-12 预制钢筋混凝土管桩三维图

【解】 1. 清单工程量计算规则

（1）以米计量，按设计图示尺寸以桩长（包括桩尖）计算。

$$预制钢筋混凝土管桩清单工程量 = 12 \times 12 = 144 \ (m)$$

（2）以立方米计量，按设计图示截面面积乘以桩长（包括桩尖）以体积计算。

$$预制钢筋混凝土管桩清单工程量 = 0.4 \times 0.4 \times 3.14 \times 12 \times 12 = 72.35 \ (m^3)$$

（3）以根计量，按设计图示数量计算。

$$预制钢筋混凝土管桩清单工程量 = 图示工程量 = 12 \ (根)$$

2. 定额工程量计算规则

定额工程量与清单工程量相同。

【小贴士】 式中：$0.4 \times 0.4 \times 3.14$ 为管桩截面面积。

7.3　灌注桩

7.3.1　泥浆护壁成孔灌注桩

1. 基本概念

泥浆护壁成孔灌注桩是通过桩机在泥浆护壁条件下慢速钻进，将钻渣利用泥浆带出，并保护孔壁不致坍塌，成孔后再使用水下混凝土浇筑的方法将泥浆置换出来而成的桩。

2. 清单工程量计算规则

按设计不同截面面积乘以其设计桩长以体积计算。

7.3.2　沉管灌注桩

1. 基本概念

沉管灌注桩是土木建筑工程中众多类型桩基础中的一种。它是采用与桩的设计尺寸相适应的钢管（即套管），在端部套上桩尖后沉入土中后，在套管内吊放钢筋骨架，然后边浇筑混凝土边振动或锤击拔管，利用拔管时的振动捣实混凝土而形成所需要的灌注桩。

2. 清单工程量计算规则

（1）以米计量，按设计图示尺寸以桩长（包括桩尖）计算。

（2）以立方米计量，按不同截面在桩长范围内以体积计算。

（3）以根计量，按设计图示数量计算。

【例7-6】如图7-13所示，已知土质为二类土，试求100根套管成孔灌注桩的工程量。

【解】清单工程量计算规则：以立方米计量，按不同截面面积在桩长范围内以体积计算；以根计量，按设计图示数量计算。

$$工程量 = 3.14 \times (0.5/2)^2 \times 13 \times 100$$
$$= 255.125 \ (m^3)$$

【小贴士】式中：$3.14 \times (0.5/2)^2$ 为桩的截面面积，13 为桩长，100 为根数。

【例7-7】某地基工程沉管灌注桩打桩施工如图7-14、图7-15所示。试求沉管灌注桩工程量并计价。

【解】（1）清单工程量

①以米计量，按设计图示尺寸以桩长（包括桩尖）计算。

$$沉管灌注桩工程量 = (12 + 0.8) \times 9 = 115.2 \ (m)$$

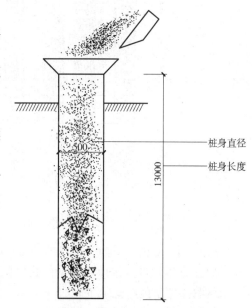

图7-13　套管成孔灌注桩示意图

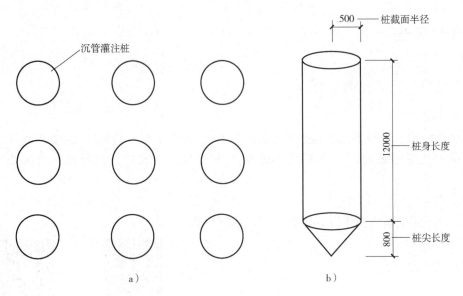

图 7-14　沉管灌注桩示意图

a）平面　b）立面

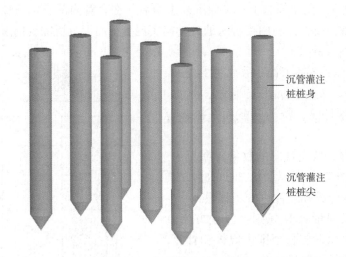

图 7-15　沉管灌注桩三维图

【小贴士】式中：12 为一根桩的长度，0.8 为桩尖长度，9 为预制桩的总数量。

②以立方米计量，按设计图示截面面积乘以桩长（包括桩尖）以体积计算。

沉管灌注桩工程量 $=(0.5 \times 0.5 \times 3.14 \times 12 + 0.5 \times 0.5 \times 3.14 \times 0.8 \div 3) \times 9 = 86.67$（$m^3$）

③以根计量，按设计图示数量计算。

沉管灌注桩工程量 $=$ 图示工程量 $= 9$（根）

（2）定额工程量

按钢管外径截面面积乘以设计桩长（不包括预制桩尖）另加加灌长度，以体积计算。加灌长度设计有规定者，按设计要求计算；无规定者，按 0.5m 计算。

沉管灌注桩工程量 $= 0.5 \times 0.5 \times 3.14 \times (12 + 0.5) \times 9 = 9.81 \times 9 = 88.31$（$m^3$）

（3）计价

套《河南省房屋建筑与装饰工程预算定额》中子目3-87，见表7-2。

表 7-2　灌注混凝土定额　　　　　　　　　　（单位：10m³）

定额编号	3－83	3－84	3－85	3－86	3－87	3－88
项目	回旋钻孔	旋挖钻孔	冲击钻孔	冲孔钻孔	沉管成孔	螺旋钻孔
基价/元	3935.22	3614.54	4134.19	4298.59	3506.52	3609.57
其中　人工费/元	446.56	183.17	486.13	505.61	273.39	256.92
材料费/元	3168.6	3299.9	3299.90	3431.20	3037.30	3168.60
机械使用费/元	—	—	—	—	—	—
其他措施费/元	18.36	7.54	19.97	20.75	11.23	10.56
安文费/元	39.90	16.39	43.4	45.10	24.41	22.94
管理费/元	128.49	52.78	139.78	145.24	78.62	73.89
利润/元	83.84	34.44	91.20	94.77	51.30	48.21
规费/元	49.47	20.32	53.81	55.92	30.27	28.45

计价：88.31 ÷ 10 × 3506.52 = 30966.08（元）

7.3.3　人工挖孔灌注桩

1. 基本概念

人工挖孔灌注桩是指桩孔采用人工挖掘方法进行成孔，然后安放钢筋笼，浇注混凝土而成的桩。人工挖孔灌注桩一般直径较粗，最细的也在 800mm 以上，能够承载楼层较少且压力较大的结构主体，应用比较普遍。桩的上面设置承台，再用承台梁拉结、连系起来，使各个桩的受力均匀分布，用以支承整个建筑物。如图 7-16 所示。

图 7-16　人工挖孔灌注桩现场图

2. 工程量计算规则

（1）以立方米计量，按桩芯混凝土体积计算。

（2）以根计量，按设计图示数量计算。

【例7-8】某人工挖孔灌注桩施工剖面图如图7-17、图7-18所示。试求人工挖孔灌注桩工程量。

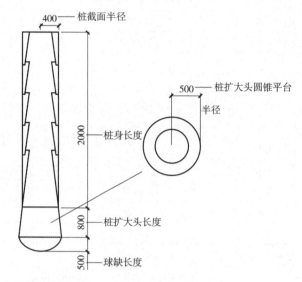

图7-17　人工挖孔灌注桩剖面示意图

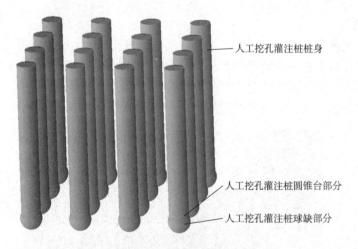

图7-18　人工挖孔灌注桩三维图

【解】（1）清单工程量

以立方米计量，按桩芯混凝土体积计算。

①人工挖孔灌注桩桩身工程量 $= 3.14 \times 0.4 \times 0.4 \times 12 \times 16 = 96.46$（$m^3$）

②人工挖孔灌注桩桩扩大头圆锥台体积 $= 3.14 \times 0.8 \times (0.4 \times 0.4 + 0.5 \times 0.5 + 0.4 \times 0.5) \div 3 \times 16 = 8.17$（$m^3$）

③人工挖孔灌注桩球缺体积 $= 3.14 \times 0.5^2 \times (0.5 - 0.5 \div 3) \times 16 = 4.19$（$m^3$）

人工挖孔灌注桩工程量 $= 96.46 + 8.17 + 4.19 = 108.82$（$m^3$）

（2）以根计量，按设计图示数量计算

$$人工挖孔灌注桩工程量 = 图示工程量 = 16（根）$$

（3）定额工程量计算规则

人工挖孔桩灌注混凝土护壁和桩芯工程量分别按设计图示截面面积乘以设计桩长另加加灌长度，以体积计算。加灌长度设计有规定者，按设计要求计算；无规定者，按 0.25m 计算。

①人工挖孔灌注桩桩身工程量 $= 3.14 \times 0.4 \times 0.4 \times (12 + 0.25) \times 16 = 98.47$（$m^3$）

②人工挖孔灌注桩桩扩大头圆锥台体积 $= 3.14 \times 0.8 \times (0.4 \times 0.4 + 0.5 \times 0.5 + 0.4 \times 0.5) \div 3 \times 16 = 8.17$（$m^3$）

③人工挖孔灌注桩球缺体积 $= 3.14 \times 0.5^2 \times (0.5 - 0.5 \div 3) \times 16 = 4.19$（$m^3$）

$$人工挖孔灌注桩工程量 = 98.47 + 8.17 + 4.19 = 110.83（m^3）$$

【小贴士】式中：桩身上圆柱体体积 $V = \pi R^2 h = 3.14 \times$ 桩身圆柱半径的平方 $\times$ 桩身圆柱高，桩扩大头圆锥台体积 $V = \pi h(r^2 + r_1^2 + rr_1)/3 = 3.14 \times$ 桩扩大头圆锥台高 $\times$（桩扩大头圆锥台底半径的平方 + 桩扩大头圆锥台顶半径的平方 + 桩扩大头圆锥台底半径 $\times$ 桩扩大头圆锥台顶半径）$\div 3$，球缺的体积 $V = \pi H^2(R - H/3) = 3.14 \times$ 桩扩底半球体球缺高的平方 $\times$（桩扩底半球体球缺半径 - 桩扩底半球体球缺高 $\div 3$）。

第8章　砌筑工程

8.1　砌筑工程图识读

砌筑工程又称砌体工程，是指在建筑工程中使用普通黏土砖、承重黏土空心砖、蒸压灰砂砖、粉煤灰砖、各种中小型砌块和石材等材料进行砌筑的工程。其中最常见的也最具有代表性的砌筑工程就是砌体墙。

砌筑工程包含砖基础、砖砌体、砖构筑物、砌块砌体、石砌体、砖散水、地坪、地沟等项目，如图 8-1 所示。

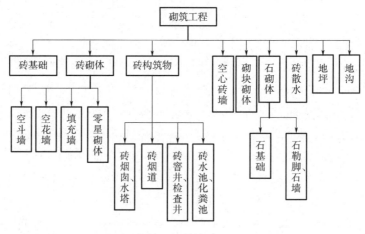

图 8-1　砌筑工程

1. 外墙身详图的基本内容

外墙身详图的剖切位置一般设在门窗洞口部位，它实际上是建筑剖面图的局部放大图样，一般按 1:20 的比例绘制。外墙身详图主要表示地面、楼面、屋面与墙体的关系，同时也表示排水沟、散水、勒脚、窗台、窗檐、女儿墙、天沟、排水口、雨水管的位置及构造做法，如图 8-2 所示。

2. 外墙身详图的作用

（1）表明墙厚及墙与轴线的关系。从图 8-2 可以看出，墙体为砖墙，墙厚为 370mm，墙的中心线与轴线不重合。

（2）表明各层楼中梁、板的位置及与墙身的关系，从图 8-2 中可以看出，该建筑的楼板、屋面板采用的是钢筋混凝土现浇板。

（3）表明各层地面、楼面、屋面的构造做法。该部分内容一般要与建筑设计说明和材

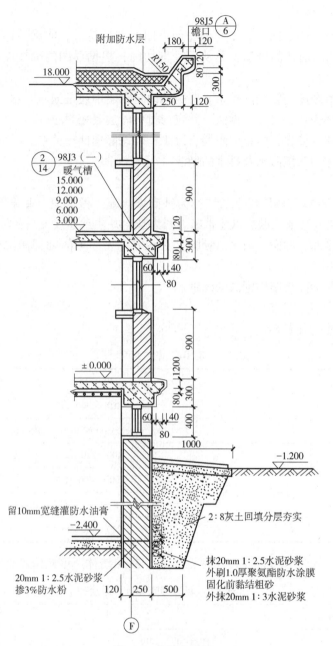

图 8-2　外墙身详图

料做法表共同表示。

（4）表明各主要部位的标高。在建筑施工图中标注的标高称为建筑标高，标注的高度位置是建筑物某部位装修完成后的上表面或下表面的高度。

（5）表明门窗立口与墙身的关系。在建筑工程中，门窗框的立口有三种方式，即平内墙面、居墙中、平外墙面。如图 8-2 所示的门窗立口采用的是居墙中的方法。

（6）表明各部位的细部装修及防水防潮做法。例如排水沟、散水、防潮层、窗台、窗檐、天沟等的细部做法。

3. 读图方法及步骤

（1）了解墙身详图的图名，了解墙身剖面图的剖切符号，明确该详图是表示哪面墙或哪几面墙体的构造，是从何处剖切的，根据详图的轴线编号及图名去查阅有关图纸。

（2）了解外墙厚度与轴线的关系，明确轴线是在墙中还是偏向一侧。

（3）了解细部构造、尺寸、做法，并应与材料做法表相对应。

（4）明确墙体与楼板、檐口、圈梁、过梁、雨篷等构件的关系。

（5）了解墙体的防潮防水及排水的做法。

4. 注意事项

（1）在 ±0.000 或防潮层以下的墙称为基础墙，施工做法应以基础图为准。在 ±0.000 或防潮层以上的墙，其施工做法以建筑施工图为准，并注意连接关系及防潮层的做法。

（2）地面、楼面、屋面、散水、勒脚、女儿墙、天沟等的细部做法应结合建筑设计说明或材料做法表阅读。

（3）注意建筑标高与结构标高的区别。

5. 砌筑工程的一般规定

（1）砌块尺寸，见表8-1。

表8-1　砌块尺寸　　　　　　　　　　　　　　　　　　　　　（单位：mm）

红（青）砖	240×115×53
硅酸盐砌体	880×430×240
条石	1000×300×300 或 1000×250×250
方整石	400×220×220
五料石	1000×400×200
烧结多孔砖	KP1 型：240×115×90　　KM1 型：190×150×90
烧结空心砖	240×180×115

（2）标准砖尺寸为 240mm×115mm×53mm。砖墙墙体厚度确定见表8-2。

表8-2　标准砖砌体计算厚度　　　　　　　　　　　　　　　　（单位：10mm）

墙厚	1/4	1/2	3/4	1	3/2	2	5/2	3
计算厚度	53	115	180	240	365	490	615	740

（3）基础与墙体的划分界限，见表8-3。基础与墙身使用不同材料如图8-3所示。

表8-3　基础与墙身的分界

砖	基础与墙身	使用同一种材料	设计室内地面（有地下室者，以地下室室内设计地面为界）
		使用不同材料	材料分界线距室内地面 ≤ ±300mm：材料为界 材料分界线距室内地面 > ±300mm：室内地坪为界
	基础与围墙		以设计室外地坪为界，以下为基础，以上为墙身

（续）

石	基础与勒脚	以设计室外地坪为界，以下为基础，以上为勒脚
	勒脚与墙身	以设计室内地坪为界，以下为勒脚，以上为墙身
	基础与围墙	围墙内外地坪标高不同时，应以较低地坪标高为界，以下为基础；围墙内外标高之差为挡土墙时，挡土墙以上为墙身

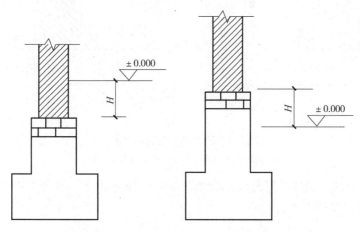

图 8-3　基础与墙身使用不同材料示意图

8.2　砖砌体

8.2.1　砖基础

1. 适用范围

适用于各种类型的砖基础：柱基础、墙基础、管道基础等。

2. 工程量计算

清单规则：按设计图示尺寸以体积计算。包括附墙垛基础宽出部分体积，扣除地梁（圈梁）、构造柱所占体积，不扣除基础大放脚 T 形接头处的重叠部分及嵌入基础内的钢筋、预埋件、管道、基础砂浆防潮层和单个面积 0.3m² 以内的孔洞所占体积，靠墙暖气沟的挑檐不增加体积。基础长度：外墙按外墙中心线、内墙按内墙净长线计算。

3. 大放脚折算高度和大放脚增加断面积计算公式

砖基础大放脚的形式如图 8-4 所示。

（1）等高式大放脚

①大放脚断面面积

$$S = (a+1)b \times ah = 0.0625(a+1) \times 0.126a$$

式中　a——层数；

　　H——每层高度；

　　B——每层外放宽度。

②折加高度（m）= 大放脚断面面积（m²）÷墙基厚度（m）

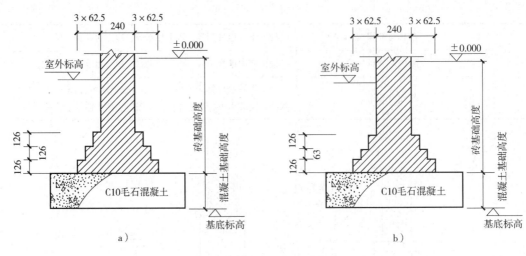

图 8-4 砖基础大放脚示意图

a) 等高式大放脚   b) 不等高式大放脚

【例 8-1】某地区一砌体房屋外墙基础如图 8-5，图 8-6 所示，其外墙中心线长 120m，基础深 1.2m，计算砖基础工程量。

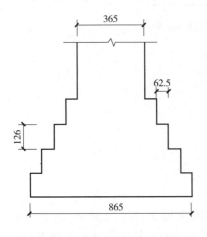

图 8-5 外墙基础断面示意图

图 8-6 外墙基础三维图

【解】（1）清单工程量

清单工程量计算规则：按设计图示尺寸以体积计算。

据图 8-5 所知，该基础为四层等高式基础，查折加高度和增加面积数据表，得折加高度为 0.432，大放脚增加面断面面积为 0.1575，增加面断面法计算：$0.126 \times 0.0625 \times (4+1) \times 4 = 0.1575$。

砖基础工程量 $= (0.365 \times 1.2 + 0.1575) \times 120 = 71.46$（$m^3$）

【小贴士】式中：4 为基础层数，0.365 为墙厚，1.2 为基础深。

（2）定额工程量

定额工程量与清单工程量相同，$V_{砖基} = 71.46$（m^3）

（3）计价

套《河南省房屋建筑与装饰工程预算定额》子目 4-1 砖基础，见表 8-4。

表 8-4　砖基础定额　　　　　　　　　　　　　（单位：10m³）

定额编号		4-1
项目		砖基础
基价/元		3981.03
其中	人工费/元	1281.49
	材料费/元	1950.03
	机械使用费/元	47.38
	其他措施费/元	52.36
	安文费/元	113.81
	管理费/元	234.59
	利润/元	160.25
	规费/元	141.12

计价：$71.46 \div 10 \times 3981.03 = 28448.44$（元）

（2）不等高式大放脚

①大放脚断面面积

当错台层数为偶数时

$$S_{偶} = a \times b \times [a/2(h_1 + h_2)]$$
$$= 0.0625 \times a \times (0.0945a + 0.126)$$

当错台层数为奇数时

$$S_{奇} = (a+1)b \times [1/2(a-1) \times (h_1 + h_2) + h_2]$$
$$= 0.0625 \times (a+1) \times [0.0945 \times (a-1) + 0.12]$$

式中　a——层数；

h_1、h_2——不等高层数的两个高度；

B——每层外放宽度。

②折加高度计算方法同式（8-2）。

（3）砖基础大放脚的折加高度及大放脚增加断面积表为了计算方便，将砖基础大放脚的折加高度及大放脚增加断面积编制成表格。计算基础工程量时，可直接查折加高度和大放脚增加断面积表，见表 8-5。

表 8-5　砖基础大放脚的折加高度及大放脚增加断面积表

放脚层数 n	折加高度/m								增加断面面积/m²	
	1/2 砖		1 砖		1.5 砖		2 砖			
	等高	不等高	等高	不等高	等高	不等高	等高	不等高	等高	不等高
1	0.137	0.137	0.066	0.066	0.043	0.043	0.032	0.032	0.01575	0.01575
2	0.411	0.342	0.197	0.164	0.129	0.108	0.096	0.08	0.04725	0.03938
3			0.394	0.328	0.259	0.216	0.193	0.161	0.0945	0.07875
4			0.656	0.525	0.432	0.345	0.321	0.257	0.1575	0.126
5			0.984	0.788	0.647	0.518	0.482	0.386	0.2363	0.189
6			1.378	1.083	0.906	0.712	0.672	0.53	0.3308	0.259
7			1.838	1.444	1.208	0.949	0.90	0.707	0.441	0.3465
8			2.363	1.838	1.553	1.208	1.157	0.900	0.567	0.4411

4. 独立基础

独立基础是指现浇钢筋混凝土柱下的单独基础，如图 8-7 所示。

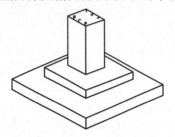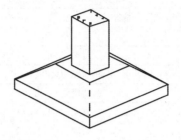

图 8-7　独立基础

（1）独立基础与柱子的划分，如图 8-8 所示。

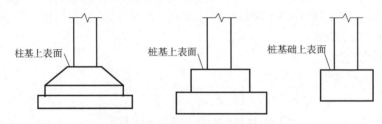

图 8-8　独立基础与柱子的划分

（2）独立基础工程量计算公式

阶梯形独立基础、四棱锥台形独立基础如图 8-9 所示。

工程量计算公式为

$$V = [A \times B + (A+a)(B+b) + a \times b] \times H/6$$

5. 满堂基础（又称片筏基础）

满堂基础分为有梁式和无梁式。有梁式满堂基础是指带有凸出板面的梁（上翻梁或下翻梁），如图 8-10 所示。无梁式满堂基础是指无凸出板面的梁，如图 8-11 所示。

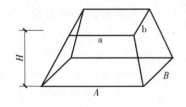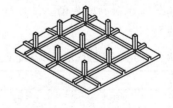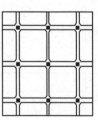

图 8-9　独立基础示意图　　　　　　图 8-10　有梁式满堂基础

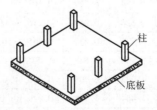

图 8-11　无梁式满堂基础

8.2.2　砖墙

1. 工程量计算规则

砖墙的工程量按设计图示尺寸以体积计算。

扣除门窗、洞口、嵌入墙内的钢筋混凝土柱、梁、圈梁、挑梁、过梁及凹进墙内的壁龛、管槽、暖气槽、消火栓箱所占体积，不扣除梁头、板头、檩头、垫木、木楞头、沿缘木、木砖、门窗走头、砖墙内加固钢筋、木筋、铁件、钢管及单个面积≤0.3m² 的孔洞所占的体积。凸出墙面的腰线、挑檐、压顶、窗台线、虎头砖、门窗套的体积亦不增加，如图 8-12 所示。凸出墙面的砖垛并入墙体体积内计算。

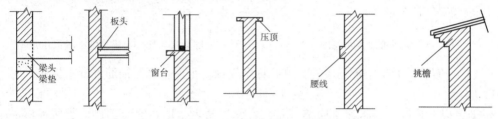

图 8-12　墙身截面示意图

（1）墙长度：外墙按中心线、内墙按净长计算。

（2）墙高度：外墙和内墙有所区别。

2. 外墙

（1）斜（坡）屋面无檐口顶棚者，墙高算至屋面板底，如图 8-13 所示。

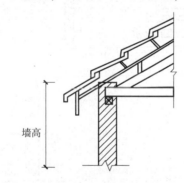

图 8-13　斜（坡）屋面无檐口顶棚时外墙墙高示意图

（2）有屋架且室内外均有顶棚者，墙高算至屋架下弦底另加 200mm，如图 8-14 所示。

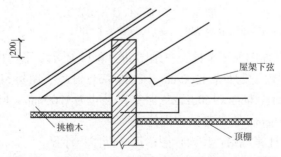

图 8-14　有屋架，室内外均有顶棚时外墙高度示意图

（3）无顶棚者，墙高算至屋架下弦底另加300mm，如图8-15所示。

（4）出檐宽度超过600mm时，按实砌高度计算，如图8-16所示。

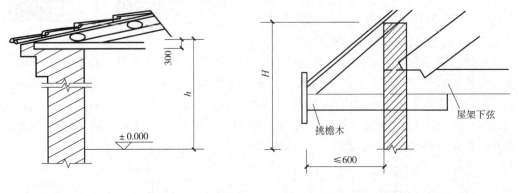

图8-15　无顶棚墙高示意图　　　　　图8-16　砖砌出檐宽度的墙高示意图

（5）与钢筋混凝土楼板隔层者，墙高算至板顶。平屋顶算至钢筋混凝土板底。

3. 内墙

位于屋架下弦者，墙高算至屋架下弦底；无屋架者，墙高算至顶棚底另加100mm；有钢筋混凝土楼板隔层者，墙高算至楼板顶；有框架梁时，墙高算至梁底，如图8-17所示。

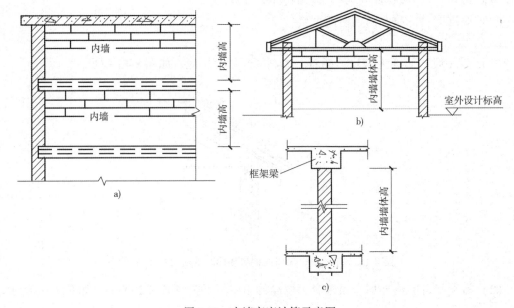

图8-17　内墙高度计算示意图

a）有混凝土楼板隔层时　b）位于屋架下弦时　c）有框架梁时

【例8-2】某平房平面图如图8-18，三维图如图8-19所示。平房内外墙均为砖砌体，厚240mm，高3000mm，屋门尺寸为1500mm×2100mm，卧室、厕所厨房门尺寸为900mm×1000m，客厅窗尺寸为1800mm×1500mm，卧室窗尺寸为1200mm×1500mm，卫生间与厨房窗尺寸为900mm×1500mm。试计算其砖砌体工程量。

【解】清单工程量计算规则：按设计图示尺寸以体积计算。

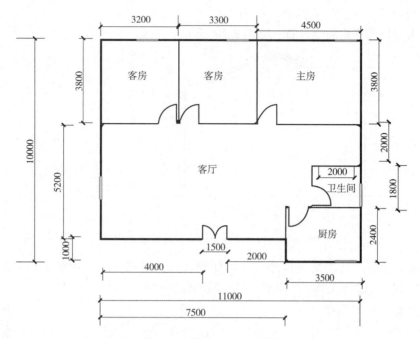

图 8-18　某平房平面示意图

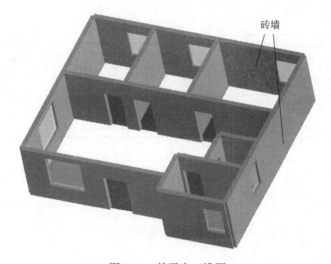

图 8-19　某平房三维图

实心砖工程量 ＝（外墙中心线长度 ＋ 内墙净长度）× 墙厚 × 墙高 － 门窗洞口体积

$$L_{外} = 11 + 10 + 7.5 + 1 + 3.5 + 2.4 + 1.8 + 2.0 + 3.8 = 43 （m）$$

$$L_{内} = (11 - 0.24) + (3.8 - 0.24) × 2 + (2 - 0.24) + (1.8 - 0.24) +$$
$$(2.4 - 1 - 0.24) + (3.5 - 0.24) = 25.62(m)$$

实心砖工程量 ＝（43 ＋ 25.62）× 0.24 × 3 － 1.5 × 2.1 － 0.9 × 1.0 × 5 － 1.8 × 1.5 × 2 －
$$1.2 × 1.5 × 3 － 0.9 × 1.5 × 2 = 28.256(m^3)$$

4. 女儿墙

从屋面板上表面算至女儿墙顶面（如有混凝土压顶时算至压顶下表面）。

5. 内、外山墙

内、外山墙按其平均高度计算，如图 8-20 所示。

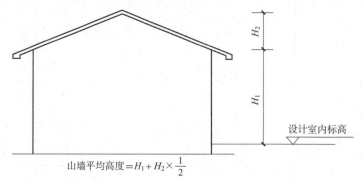

$$山墙平均高度 = H_1 + H_2 \times \frac{1}{2}$$

图 8-20　内外山墙墙体高度计算示意图

框架间墙：不分内外墙按墙体净尺寸以体积计算。围墙：高度算至压顶上表面（如有混凝土压顶时算至压顶下表面），围墙柱并入围墙体积内。

6. 其他砌体的计算规则

（1）空花墙

按设计图示尺寸以空花部分外形体积计算，不扣除空洞部分体积，空花墙示意图如图 8-21所示。

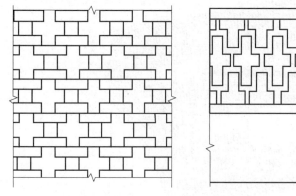
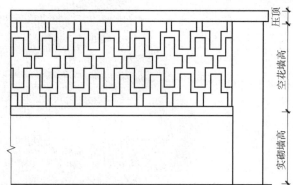

图 8-21　空花墙示意图

（2）填充墙

按设计图示尺寸以填充墙外形体积计算，填充墙实物图如图 8-22 所示。

图 8-22　填充墙实物图

【例 8-3】　某建筑一榀框架如图 8-23，图 8-24 所示，填充墙厚度为 240mm，试根据图示计算填充墙工程量。

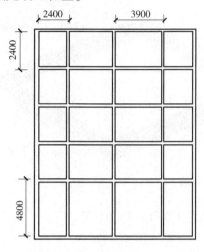

图 8-23　某建筑一榀框架示意图

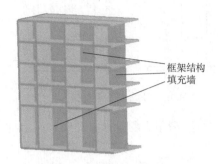

框架结构
填充墙

图 8-24　某建筑一榀框架三维图

【解】　清单工程量

清单工程量计算规则：按设计图示尺寸以填充墙外形体积计算。

填充墙工程量 = [(2.4 × 2.4 × 2 + 2.4 × 3.9 × 2) × 4 + (4.8 × 2.4 × 2 + 4.8 × 3.9 × 2)] × 0.24 = 181.44 × 0.24 = 43.5(m³)

【小贴士】　式中：[(2.4 × 2.4 × 2 + 2.4 × 3.9 × 2) × 4 + (4.8 × 2.4 × 2 + 4.8 × 3.9 × 2)] 为墙的面积，0.24 为墙体厚度。

（3）空斗墙

按设计图示尺寸以空斗墙外形体积计算。墙角、内外墙交接处、门窗洞口立边、窗台砖、屋檐处的实砌部分体积并入空斗墙体积内，如图 8-24 所示。

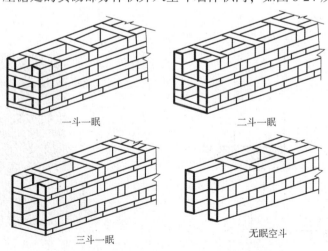

一斗一眠　　　　　二斗一眠

三斗一眠　　　　　无眠空斗

图 8-25　空斗墙

【例 8-4】　某场院围墙如图 8-26，图 8-27 所示，围墙尺寸为 25m × 20m，高 2.7m，其中勒脚高 0.6m，厚 365mm，其余为空斗墙，墙厚 240mm，空斗墙采用一眠一斗式，砌体均为普通砖，有一个 $3m \times 2.7m$ 的大门。试求空斗墙工程量。

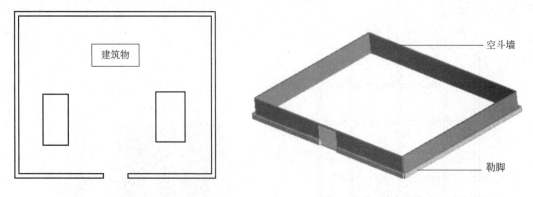

图 8-26　场院围墙示意图　　　　　　图 8-27　场院围墙三维图

【解】清单工程量计算规则：按设计图示尺寸以空斗墙外形体积计算。

勒脚工程量 $= (20 \times 25 - 3) \times 0.6 \times 0.365 = 108.84 (m^3)$

空斗墙工程量 $= (20 \times 25 - 3) \times (2.7 - 0.6) \times 0.24 = 250.49 (m^3)$

【小贴士】式中：$(20 \times 25 - 3)$ 是外墙除去门洞口的长度，$(2.7 - 0.6)$ 是空斗墙的高度。

8.2.3　砖柱和零星砌砖

1. 砖柱

砖柱有空心砖柱和多孔砖柱两种，其工程量计算规则为按设计图示尺寸以体积计算。扣除混凝土及钢筋混凝土梁垫、梁头所占体积。

【例 8-5】某建筑雨篷下独立砖柱如图 8-28，图 8-29 所示，砖柱高 4.8m，试计算该砖柱工程量。

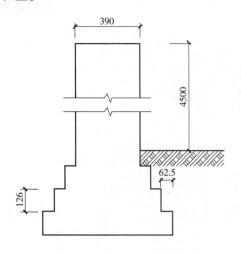

图 8-28　独立砖柱示意图　　　　　　图 8-29　独立砖柱示意图

【解】清单工程量计算规则：按设计图示尺寸以空斗墙外形体积计算。

实心砖柱工程量 $= 0.39 \times 0.39 \times 4.5 = 0.68 (m^3)$

【小贴士】式中：0.39 × 0.39 为砖柱的截面尺寸。

2. 零星砌体

台阶、台阶挡墙、梯带、锅台、炉灶、蹲台、池槽、池槽腿、砖胎模、花台、花池、楼梯栏板、阳台栏板、地垄墙、≤0.3m² 的孔洞填塞等，应按零星砌砖项目编码列项。砖砌锅台与炉灶可按外形尺寸以个计算，砖砌台阶可按水平投影面积以平方米计算，小便槽、地垄墙可按长度计算，其他工程以立方米计算。

零星砌体工程量计算规则如下：

（1）以立方米计量，按设计图示尺寸截面面积乘以长度计算。

（2）以平方米计量，按设计图示尺寸水平投影面积计算。

（3）以米计量，按设计图示尺寸长度计算。

（4）以个计量，按设计图示数量计算。

【例 8-6】某平房台阶为实心砖，如图 8-30，图 8-31 所示，试计算砖台阶工程量。

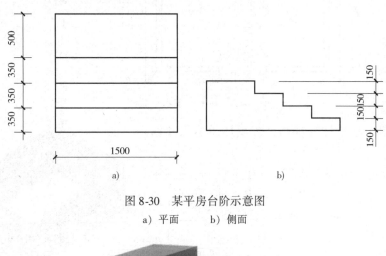

图 8-30　某平房台阶示意图

a）平面　　　b）侧面

图 8-31　某平房台阶三维图

【解】清单工程量计算规则：以立方米计量，按设计图示尺寸截面面积乘以长度计算。

$$砖台阶工程量 = [(0.5 + 0.35 + 0.35 + 0.35) + (0.5 + 0.35 + 0.35) +$$
$$(0.5 + 0.35) + 0.5] × 1.5 × 0.15 = 0.92(m^3)$$

8.2.4　砖散水和地坪

1. 概述

（1）砖散水

为保护墙基不受雨水侵蚀，常在外墙四周将地面做成向外倾斜的坡面，以便将屋面雨水排至远处，这一坡面称为散水或护坡。散水坡度约为 5%，宽一般为 600 ~ 1000mm。当屋面排水方式为自由落水时，要求其宽度较屋顶出檐多200mm。

（2）砖地坪

普通黏土砖铺墁地面，是把砖按一定的几何形状，有规律地进行排列，组成异形的花格。

2. 工程量计算规则

砖散水、砖地坪工程量按设计图示尺寸以面积计算。明沟与散水以沟边砖与散水交界处为界。

【例8-7】某平房建筑砖散水如图8-32，图8-33所示，墙厚240mm，试求砖散水工程量。

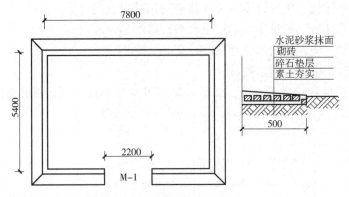

图8-32 某平房散水示意图

【解】清单工程量计算规则：按设计图示尺寸以面积计算。

砖散水工程量 = （7.8 + 0.24）× 0.5 × 2 + （5.4 + 0.24）× 0.5 × 2 + 0.5 × 0.5 × 4
= 8.04 + 5.64 + 1 = 14.68（m²）

【小贴士】式中：（7.8 + 0.24）× 2 和（5.4 + 0.24）× 2 为墙外边线长度，0.5 × 0.5 × 4 为四个角的散水面积。

图8-33 某平房散水三维图

【例8-8】某平房如图8-34，图8-35所示，该室内地坪使用砖铺，厚65mm，该建筑墙厚均为240mm，试计算室内地坪工程量。

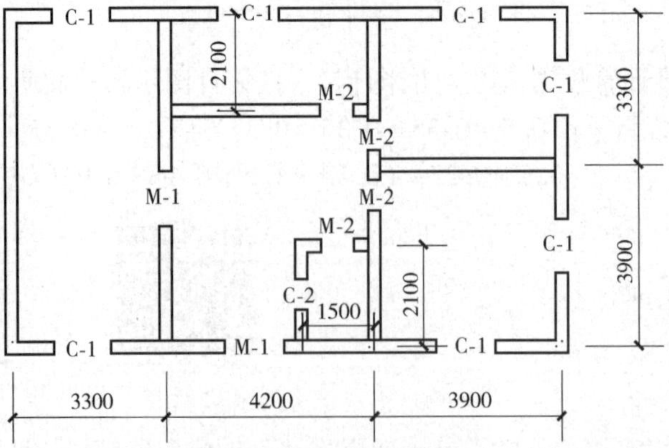

图8-34 某平房平面示意图

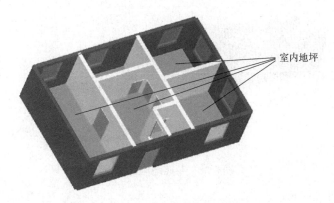

图 8-35　某平房平面三维图

【解】清单工程量计算规则：按设计图示尺寸以面积计算。

地坪工程量 $= (3.9 + 3.3 - 0.24) \times (3.3 - 0.24) + (2.1 - 0.24) \times (4.2 - 0.24) + (1.5 -$
$0.24) \times (2.1 - 0.24) + [(4.2 - 0.24) \times (3.9 - 0.24) - 1.5 \times 2.1] + (3.3 -$
$0.24) \times (3.9 - 0.24) + (3.9 - 0.24) \times (3.9 - 0.24)$
$= 21.30 + 7.37 + 2.34 + (14.49 - 3.15) + 11.20 + 13.40 = 66.95(\text{m}^2)$

【小贴士】式中：$(3.9 + 3.3 - 0.24) \times (3.3 - 0.24)$ 为左侧房间的净面积，其他以此类推。

8.2.5　砖地沟、明沟

1. 基本概述

明沟是设置在外墙四周的排水沟，将屋面落水和地面积水有组织地导向地下排水井，保护外墙基础。明沟可用砖砌筑，水泥砂浆粉面。当屋面为自由落水时，明沟外移，其中心线与屋面檐口对齐。砖明沟构造示意图如图 8-36 所示。

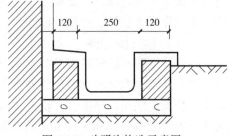

图 8-36　砖明沟构造示意图

2. 工程量计算规则

砖地沟、明沟工程量按设计图示以中心线计算。

【例 8-9】某砖地沟如图 8-37，图 8-38 所示，试计算该砖地沟工程量。

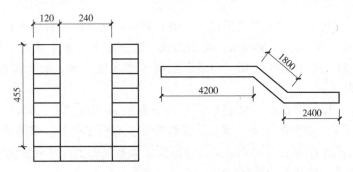

图 8-37　某砖地沟剖面图与走向图

图 8-38　某砖地沟三维图

【解】清单工程量

清单工程量计算规则：以米计量，按设计图示以中心线长度计算。

砖地沟工程量 = 42 + 18 + 24 = 84（m）

【小贴士】式中：42 + 18 + 24 为地沟长度。

8.3　砌块砌体

8.3.1　砌块墙

1. 概述

用砌块和砂浆砌筑成的墙体，可作为工业与民用建筑的承重墙和围护墙。根据砌块尺寸的大小分为小型砌块、中型砌块和大型砌块墙体。按材料分有加气混凝土墙、硅酸盐砌块墙、水泥煤渣空心墙、石灰石墙等。

2. 工程量计算规则

砌块墙工程量按设计图示尺寸以体积计算。扣除门窗、洞口、嵌入墙内的钢筋混凝土柱、梁、圈梁、挑梁、过梁及凹进墙内的壁龛、管槽、暖气槽、消火栓箱所占体积，不扣除梁头、板头、檩头、垫木、木楞头、沿缘木、木砖、门窗走头、砌块墙内加固钢筋、木筋、铁件、钢管及单个面积 ≤ 0.3m² 的孔洞所占的体积。凸出墙面的腰线、挑檐、压顶、窗台线、虎头砖、门窗套的体积亦不增加。凸出墙面的砖垛并入墙体体积内计算。

（1）墙长度　外墙按中心线、内墙按净长计算。

（2）墙高度

1）外墙：斜（坡）屋面无檐口顶棚者，墙高算至屋面板底；有屋架且室内外均有顶棚者，墙高算至屋架下弦底另加 200mm；无顶棚者，墙高算至屋架下弦底另加 300mm，出檐宽度超过 600mm 时按实砌高度计算；与钢筋混凝土楼板隔层者，墙高算至板顶；平屋面，墙高算至钢筋混凝土板底。

2）内墙：位于屋架下弦者，墙高算至屋架下弦底；无屋架者，墙高算至顶棚底另加 100mm；有钢筋混凝土楼板隔层者，墙高算至楼板顶；有框架梁时，墙高算至梁底。

3）女儿墙：从屋面板上表面算至女儿墙顶面（如有混凝土压顶时算至压顶下表面）。

4）内、外山墙：按其平均高度计算。

（3）框架间墙　不分内外墙按墙体净尺寸以体积计算。

（4）围墙　高度算至压顶上表面（如有混凝土压顶时算至压顶下表面），围墙柱并入围墙体积内。

【例8-10】某寒冷地区欲盖一平房,如图8-39,图8-40所示,墙厚370mm,高3300mm,采用砌块建成。窗户1尺寸为1200mm×1500mm,窗户2尺寸为1500mm×1500mm,门1尺寸为900mm×2000mm,门2尺寸为1200mm×2000mm,试计算其工程量。

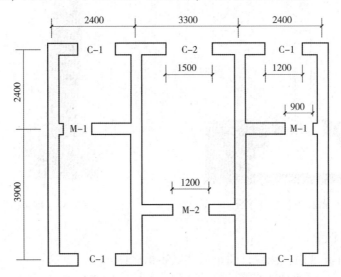

图8-39　某平房平面示意图

【解】清单工程量

清单工程量计算规则:按设计图示尺寸以体积计算。

$L_外 = (3.9 + 2.4 + 2.4 + 2.4) \times 2 + 3.3 = 25.5 (m)$

$L_内 = (2.4 - 0.37) \times 2 + (3.3 - 0.37) = 6.99 (m)$

砌块墙工程量 $= (25.5 + 6.99) \times 3.3 \times 0.37 -$
$\qquad (1.2 \times 1.5 \times 4 + 1.5 \times 1.5 \times 1 +$
$\qquad 0.9 \times 2.0 \times 2 + 1.2 \times 2.0) \times$
$\qquad 0.37$
$\qquad = 39.67 - 5.7165 = 33.95 (m^3)$

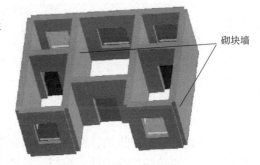

图8-40　某平房三维图

【小贴士】式中:$(1.2 \times 1.5 \times 4 + 1.5 \times 1.5 \times 1 + 0.9 \times 2.0 \times 2 + 1.2 \times 2.0)$为门窗洞口面积。

8.3.2　砌块柱

1. 概述

混凝土砌块柱的结构体系是用配筋的混凝土砌块作为承重柱应用于一、二层建筑,形成混凝土砌块柱的框架结构体系、排架结构体系。在同等节能保温条件下,混凝土砌块柱造价最低。由于施工方法主要是砌筑,不需支模板,虽然有钢筋但数量少,砌块柱内孔洞浇筑的混凝土量少,施工方便。混凝土砌块柱安全耐久,可满足作为压弯构件承压强度和侧向刚度的结构设计安全要求。

2. 工程量计算规则

按设计图示尺寸以体积计算。扣除混凝土及钢筋混凝土梁垫、梁头、板头所占体积。

【例 8-11】某砌块柱如图 8-41、图 8-42 所示，已知某建筑需使用 1:3 水泥砂浆砌块方柱 22 个，求砌块柱工程量。

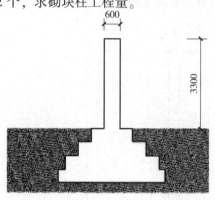

砌块柱

图 8-41　砌块柱立面示意图　　　　图 8-42　砌块柱三维图

【解】清单工程量

清单工程量计算规则：按设计图示尺寸以体积计算。

$$砌块柱工程量 = 0.6 \times 0.6 \times 3.3 \times 22 = 26.14 （m^3）$$

【小贴士】式中：0.6×0.6 是柱的截面尺寸。

8.4　石砌体

8.4.1　石基础

1. 概述

石基础主要指由烧结普通砖和毛石砌筑而成的基础，均属于刚性基础范畴。这种基础的特点是抗压性能好，整体性、抗拉、抗弯、抗剪性能较差，材料易得，施工操作简便，造价较低。适用于地基坚实、均匀，上部荷载较小，六层和六层以下的一般民用建筑和墙承重的轻型厂房基础工程。石基础按设计图示尺寸以体积计算，包括附墙垛基础宽出部分体积，不扣除基础砂浆防潮层和单个面积 $0.3m^2$ 以内的孔洞所占体积，靠墙暖气沟的挑檐不增加。如图 8-43 所示。

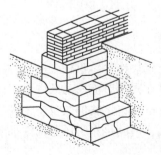

图 8-43　石基础

2. 工程量计算规则

按设计图示尺寸以体积计算。包括附墙垛基础宽出部分体积，不扣除基础砂浆防潮层及单个面积≤0.3m² 的孔洞所占体积，靠墙暖气沟的挑檐不增加体积。基础长度：外墙按中心线，内墙按净长计算。

【例 8-12】某土坡使用毛石挡土墙，挡土墙全长 50m，如图 8-44，图 8-45 所示，试计算石基础工程量。

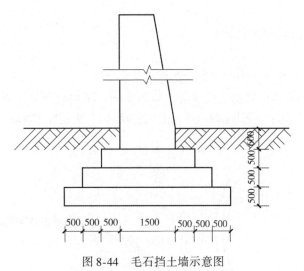

图 8-44　毛石挡土墙示意图

图 8-45　毛石挡土墙三维图

【解】清单工程量计算规则：按设计图示尺寸以体积计算。

石基础工程量 = [(0.5×6+1.5)×0.5+(0.5×4+1.5)×0.5+(0.5×2+1.5)
　　　　　　　×0.5+1.5×0.6]×50

　　　　　　= (2.25+1.75+1.25+0.9)×50 = 307.5(m³)

【小贴士】式中：[(0.5×6+1.5)×0.5+(0.5×4+1.5)×0.5+(0.5×2+1.5)×0.5+1.5×0.6] 为各层基础体积之和。

8.4.2　石墙

1. 概述

石墙是用毛石或料石砌筑而成的，毛石墙是用乱毛石或平毛石与水泥砂浆或混合砂浆砌筑而成的。毛石墙的转角可用平毛石或料石砌筑，毛石墙的厚度不应小于 350mm。

2. 工程量计算规则

按设计图示尺寸以体积计算。扣除门窗洞口、过人洞、空圈、嵌入墙内的钢筋混凝土柱、梁、圈梁、挑梁、过梁及凹进墙内的壁龛、管槽、暖气槽、消火栓箱所占体积，不扣除梁头、板头、檩头、垫木、木楞头、沿缘木、木砖、门窗走头、石墙内加固钢筋、木筋、铁件、钢管及单个面积≤0.3m²的孔洞所占的体积。凸出墙面的腰线、挑檐、压顶、窗台线、虎头砖、门窗套的体积亦不增加。凸出墙面的砖垛并入墙体体积内计算。

（1）墙长度

外墙按中心线、内墙按净长计算。

（2）墙高度

墙高度同8.3.1节砌块墙中的（2）墙高度。

【例8-13】某圆形花园围墙用毛石建造，如图8-46、图8-47所示，花园半径20000mm，高1500mm，墙厚300mm，其中。石勒脚高600mm，宽500mm，大门宽2000mm，试求其工程量。

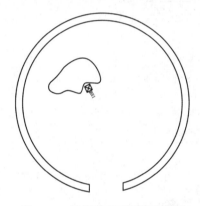

图8-46　某花园毛石围墙示意图　　　　图8-47　某花园毛石围墙三维图

【解】（1）石勒脚

清单工程量计算规则：按设计图示尺寸以体积计算。

石头勒脚工程量 $= (20 \times 2 \times 3.14 - 2) \times 0.5 \times 0.6 = 37.08$（m³）

（2）石墙

清单工程量计算规则：按设计图示尺寸以体积计算。

石墙工程量 $= (20 \times 2 \times 3.14 - 2) \times (1.5 - 0.6) \times 0.30 = 33.37$（m³）

【小贴士】式中：$20 \times 2 \times 3.14 - 2$ 为墙周长减去门宽部分。

8.4.3 其他石砌体

1. 石柱与石挡土墙

石柱与石挡土墙的工程量计算规则与石挡土墙计算规则相同，即按设计图示尺寸以体积计算。

【例8-14】某度假村车棚柱子为1:1.5水泥砂浆砌筑毛石圆柱，如图8-48、图8-49所示，共15个，试求其工程量。

【解】清单工程量计算规则：按设计图示尺寸以体积计算。

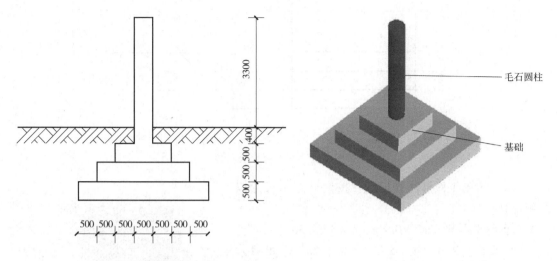

图 8-48 某车棚石柱示意图　　　　　图 8-49 某车棚石柱三维图

$$石柱工程量 = 0.25 \times 0.25 \times 3.14 \times 3.3 \times 15 = 9.71（m^3）$$

【小贴士】式中：$0.25 \times 0.25 \times 3.14 \times 3.3$ 为圆柱体积，15 为圆柱数量。

2. 石栏杆

石栏杆工程量计算规则：按设计图示以长度计算。

【例 8-15】某花园有一个深水池塘，如图 8-50、图 8-51 所示，为防止游客落入池塘中，欲建石栏杆，用 1:3 水泥砂浆砌筑。池塘半径 15m，石栏杆半径 16m。试求石栏杆工程量。

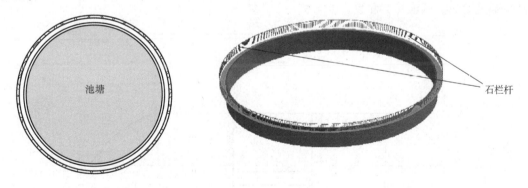

图 8-50 某池塘石栏杆示意图　　　　　图 8-51 某池塘石栏杆三维图

【解】清单工程量计算规则：按设计图示以长度计算。

$$石栏杆工程量 = 16 \times 2 \times 3.14 = 100.48（m）$$

【小贴士】式中：$16 \times 2 \times 3.14$ 为石栏杆的长度。

3. 石台阶

石台阶工程量计算规则：按图示尺寸以体积计算。

【例 8-16】某旅游景区内的台阶均为石砌台阶，一饮料售货点地面高 1.2m，台阶用 1:3 的水泥砂浆砌筑而成，如图 8-52、图 8-53 所示，试求该石台阶工程量。

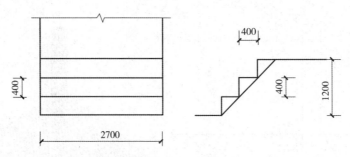

图 8-52　某石台阶示意图

【解】清单工程量计算规则：按设计图示尺寸以
体积计算。

石台阶工程量 $= 2.7 \times 0.4 \times 0.4 \times 3 = 1.30$（$m^3$）

【小贴士】式中：$2.7 \times 0.4 \times 0.4$ 为每一级台阶
体积。

4. 石坡道

（1）石坡道的构造

坡道一般均采用实铺，垫层的强度和厚度应根据

图 8-53　某石台阶三维图

坡道长度及上部荷载的大小进行选择，严寒地区的坡道同样需要在垫层设置砂垫层。

（2）工程量计算规则

石坡道工程量按设计图示尺寸以水平投影面积计算。

【例 8-17】某公司大楼门前石坡道如图 8-54、图 8-55 所示，该坡道采用毛石由 1:15 水
泥砂浆砌筑而成。试求其工程量。

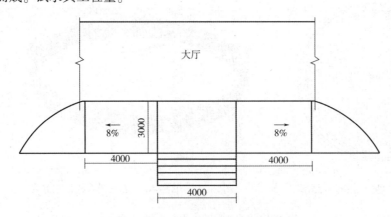

图 8-54　某办公大楼门前石坡道示意图

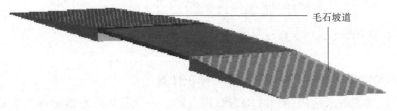

图 8-55　毛石坡道三维图

【解】清单工程量计算规则：按设计图示以水平投影面积计算。

石坡道工程量 = 4 × 3 × 2 = 24（m²）

【小贴士】式中：4 × 3 是一边坡道水平投影面积。

5. 石地沟、明沟

石地沟、明沟工程量均按图示尺寸以中心线长度计算。

【例 8-18】某农家排水地沟如图 8-56、图 8-57 所示，该地沟为毛石建造，试计算该石地沟工程量。

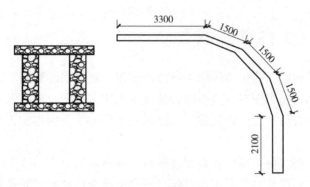

图 8-56　石地沟示意图

图 8-57　毛石排水地沟部分三维图

【解】清单工程量计算规则：按设计图示以中心线长度计算。

石地沟工程量 = 3.3 + 1.5 + 1.5 + 1.5 + 2.1 = 9.9（m）

【小贴士】式中：（3.3 + 1.5 + 1.5 + 1.5 + 2.1）为地沟长度。

第9章 混凝土及钢筋混凝土工程

9.1 钢筋混凝土构件图识读

土建施工图中结构施工图是主体结构建造的依据，建筑物的配筋、梁、柱、板都展现在结构施工图中，看结构施工图时一定要结合建筑施工图一起看，在施工过程中要还要配合水电安装施工图，共同合作来完成现场施工。结构施工图的主要内容如图9-1所示。

1. 配筋图

配筋图是表明钢筋混凝土构件各类钢筋数量、规格及其分布的施工图，包括立面图、截面图和钢筋详图。立面图及截面图相互对照，可看出整个构件的钢筋排列情况。钢筋详图则表示单根钢筋的形状及尺寸，如图9-2所示。

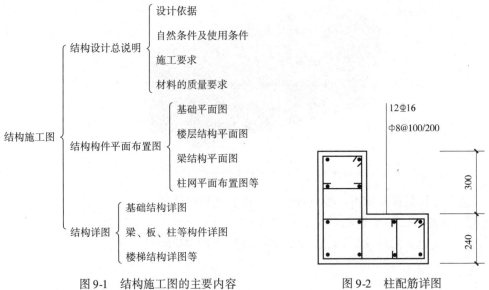

图 9-1 结构施工图的主要内容　　　　图 9-2 柱配筋详图

图9-2为单根柱的配筋图柱子纵向钢筋为12根直径为16mm的三级钢，箍筋为直径为8mm的一级钢，非加密区间距为200mm，加密区间距100mm。

2. 钢筋明细表

钢筋明细表是在"平面表示法"出来之前，用列表的方式表示结构图中的钢筋形式及数量。

钢筋明细表所包含的内容：构件名称，构件数量，钢筋图（需要把钢筋形式画出来），钢筋根数，单根重量，总重量，等等。

9.2　现浇混凝土构件

9.2.1　现浇混凝土基础

现浇混凝土基础包括带形基础、独立基础、满堂基础、设备基础、桩承台基础等。

1. 带形基础

带形基础，是指需要支立模板的混凝土条形基础，按带形基础定额项目套用。对基础结构而言，凡墙下的长条形基础，或柱和柱间距离较近而连接起来的条形基础，都称为带形基础，如图 9-3 所示。

条形基础也称带形基础，如图 9-4 所示，它又分为无梁式（板式基础）和有梁式（有肋条形基础）两种。当其梁（肋）高 h 与梁（肋）宽 b 之比在 4:1 以内，按有梁式条形基础计算；超过 4:1 时，条形基础底板按无梁式计算，以上部分按钢筋混凝土墙计算。

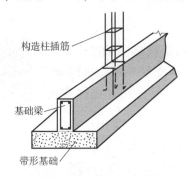

图 9-3　带形基础示意图

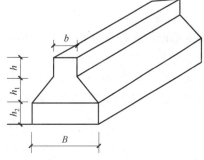

图 9-4　条形基础示意图

2. 独立基础

建筑物上部结构采用框架结构或单层排架结构承重时，基础常采用圆柱形或多边形等形式的独立式基础，也称单独基础。独立基础分三种：阶梯形基础、坡形基础、杯形基础。

（1）阶梯形基础，如图 9-5 所示。

工程量：
$$V = abh_1 + a_1 b_1 h_2$$

（2）坡形基础，如图 9-6 所示。

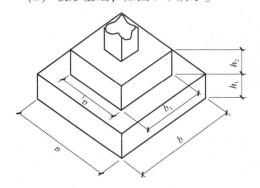

图 9-5　阶梯形基础示意图

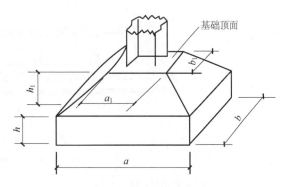

图 9-6　坡形基础示意图

工程量：$$V = abh + h_1/6\left[ab + (a + a_1)(b + b_1) + a_1b_1\right]$$

（3）杯形基础，如图9-7所示。

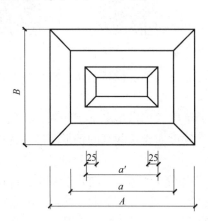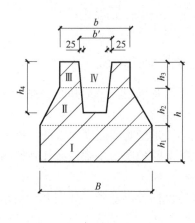

图9-7 杯形基础示意图

3. 满堂基础

满堂基础即为筏形基础，如图9-8所示，又称筏板形基础，是把柱下独立基础或者条形基础全部用连系梁连起来，下面再整体浇筑底板，由底板、梁等整体组成。一般有板式（也称无梁式）满堂基础、梁板式（也称片筏式）满堂基础和箱形满堂基础三种形式。

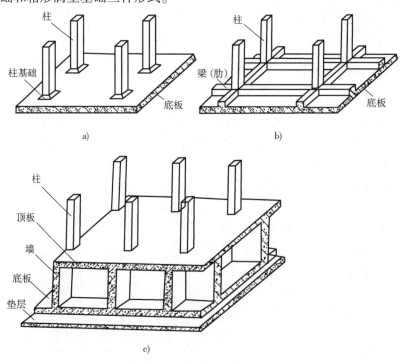

图9-8 满堂基础示意图

a）板式　b）梁板式　c）箱形

满堂基础工程量计算方法：

满堂基础顶面积＝建筑面积＋外墙外皮到满堂外边线的面积－斜坡宽度的面积

梯形带体积＝斜坡中心线长度×梯形截面面积

4. 桩承台基础

由桩和连接桩顶的桩承台（简称承台）组成的深基础或由柱与桩基连接的单桩基础，简称桩基。若桩身全部埋于土中，承台底面与土体接触，则称为低承台桩基；若桩身上部露出地面而承台底位于地面以上，则称为高承台桩基。建筑桩基通常为低承台桩基础。如图9-9所示。

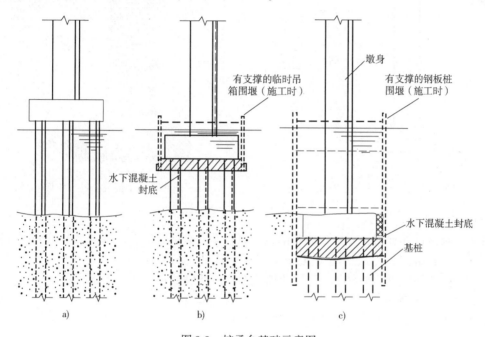

图9-9　桩承台基础示意图

a）水上高承台桩基　　b）水下高承台桩基　　c）低承台桩基

现浇混凝土基础清单工程量计算规则：按设计图示尺寸以体积计算，不扣除伸入承台基础的桩头所占体积。

9.2.2　现浇混凝土柱

1. 基本概念

用钢筋混凝土材料制成的柱。是房屋、桥梁、水工等各种工程结构中最基本的承重构件，常用作楼盖的支柱、桥墩、基础柱、塔架和桁架的压杆。现浇混凝土柱包括矩形柱、构造柱、异形柱等几种类型。

2. 清单工程量计算规则

按设计图示尺寸以体积计算。

柱高：

（1）有梁板的柱高：应自柱基上表面（或楼板上表面）至上一层楼板上表面之间的高度计算。

（2）无梁板的柱高：应自柱基上表面（或楼板上表面）至柱帽下表面之间的高度计算。

（3）框架柱的柱高：应自柱基上表面至柱顶高度计算。

（4）构造柱按全高计算，嵌接墙体部分（马牙槎）并入柱身体积。

（5）依附柱上的牛腿和升板的柱帽，并入柱身体积计算。

【例9-1】 某现浇混凝土柱断面尺寸为450mm×550mm，柱高 H 为5m，如图9-10、图9-11所示，试计算其工程量。

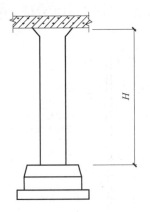

图9-10　某混凝土柱示意图

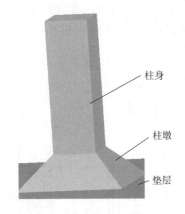

图9-11　某混凝土柱三维图

【解】（1）清单工程量

清单工程量计算规则：无梁板的柱高，应自柱基上表面至柱帽下表面之间的高度计算。

矩形柱工程量：　　　　　$V = 0.45 \times 0.55 \times 5 = 1.24$ （m^3）

【小贴士】式中：0.45×0.55 为柱的横截面积。柱底部基础不计入工程量。

（2）定额工程量

定额工程量与清单工程量相同为 1.24m^3。

（3）计价

套《河南省房屋建筑与装饰工程预算定额》中子目5-11，见表9-1。

表9-1　矩形柱定额　　　　　　　　　　　　　　　　　　（单位：10m^3）

定额编号		5 – 11	5 – 12	5 – 13	5 – 14
项 目		矩形柱	构造柱	异形柱	圆形柱
基价/元		4146.83	5173.89	4262.55	4263.61
其中	人工费/元	913.09	1528.65	979.29	980.61
	材料费/元	2631.85	2637.64	2637.95	2636.86
	机械使用费/元	—	—	—	—
	其他措施费/元	37.49	62.76	40.20	40.25
	安文费/元	81.49	136.42	87.37	87.48
	管理费/元	241.45	404.20	258.86	259.20
	利润/元	140.42	235.07	150.55	150.74
	规费/元	101.04	169.15	108.33	108.47

计价：1.24÷10×4146.83＝514.21（元）

3. 混凝土柱高的判定

混凝土柱高的判定如图 9-12 所示。

项目名称	计算高度
（a）有梁板中的柱	每层柱高由楼板顶面算至上一层楼板顶面
（b）无梁板中的柱	每层柱高由楼板顶面算至柱帽下边沿
（c）框架柱	由基础顶面算至顶层柱顶
（d）构造柱	由基础顶面算至顶层圈梁底或女儿墙压顶下口，按全高计算

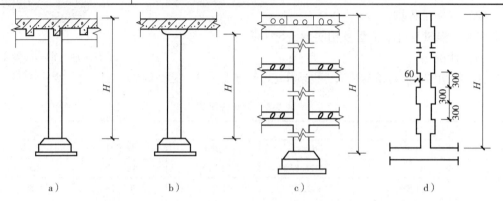

图 9-12　混凝土柱高的判定示意图

【例 9-2】某厂房设有 15 根 C20 钢筋混凝土现场预制工字形柱，柱子尺寸如图 9-13 所示，三维图如图 9-14 所示，试计算其工程量。

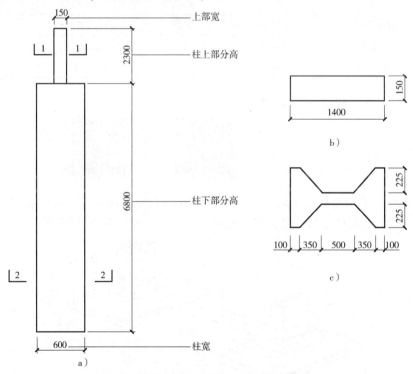

图 9-13　钢筋混凝土预制工字形柱示意图
a）立面　b）1-1 剖面　c）2-2 剖面

【解】（1）清单工程量

清单工程量计算规则：按设计图示尺寸以体积计算。

预制异形柱工程量：

$$V = 1.4 \times 0.6 \times 6.8 - (0.5 + 0.35 + 0.35 + 0.5) \times 0.225 \div 2 \times 2 \times$$
$$6.8 + 1.4 \times 0.15 \times 2.3 = 3.594 \ （m^3）$$

【小贴士】式中：$(0.5 + 0.35 + 0.35 + 0.5) \times 0.225 \div 2$ 为梯形
面积计算公式。

（2）定额工程量

定额工程量与清单工程量相同为 $3.594m^3$。

（3）计价

套《河南省房屋建筑与装饰工程预算定额》子目5-13，见表9-2。

图9-14　钢筋混凝土预制
工字形柱三维图

表 9-2　异形柱定额 　　　　　　　　（单位：$10m^3$）

	定额编号	5－11	5－12	5－13	5－14
	项　目	矩形柱	构造柱	异形柱	圆形柱
	基价/元	4176.83	5173.89	4262.55	4263.61
其中	人工费/元	913.09	1528.65	979.29	980.61
	材料费/元	2631.85	2637.64	2637.95	2636.86
	机械使用费/元	—	—	—	—
	其他措施费/元	37.49	62.76	40.20	40.25
	安文费/元	81.49	136.42	87.37	87.48
	管理费/元	241.45	404.20	258.86	259.20
	利润/元	140.42	235.07	150.55	150.74
	规费/元	101.04	169.15	108.33	108.47

计价：$3.59 \div 10 \times 4262.55 = 1530.26$（元）

9.2.3　现浇混凝土梁

1.现浇混凝土梁的分类

（1）基础梁　基础梁指位于地面以下、独立基础之间或现浇柱之间的梁，一般用于支撑两基础和柱之间的墙体重量，特点是梁底悬空、需要支模，如图9-15所示。

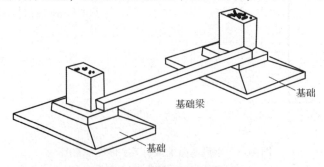

基础梁

基础

基础

图 9-15　基础梁示意图

（2）单梁　指跨越两个支座的柱间和墙间的梁，如开间梁和进深梁。

（3）连续梁　指跨越三个或三个以上支座的柱间和墙间的梁，如图9-16所示。

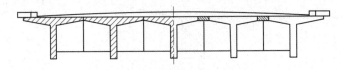

图9-16　连续梁示意图

2. 现浇混凝土梁的计算规则

按设计图示尺寸以体积计算。伸入墙内的梁头、梁垫并入梁体积内。

主梁与柱连接时梁长的判定如图9-17所示。

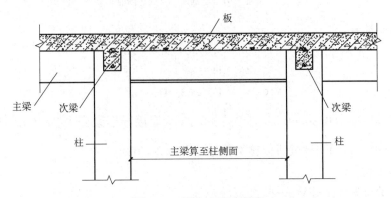

图9-17　梁柱连接示意图

主梁与次梁连接时，次梁算至主梁侧面，按主梁间净距计算，如图9-18所示。

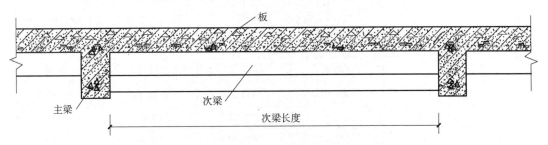

图9-18　主梁与次梁连接示意图

【例9-3】如图9-19所示，某小区有阳台50个，上铺空心板，悬挑梁为现浇混凝土，混凝土强度等级为C40，试计算现浇混凝土梁的工程量。

【解】（1）清单工程量

清单工程量计算规则：按设计图示尺寸以体积计算。伸入墙内的梁头、梁垫并入梁体积内。

①挑梁挑出部分

$$V_1 = (0.36 + 0.24) \times \frac{2.1}{2} \times 0.24 \times 100$$

$$= 15.12 \ (\mathrm{m}^3)$$

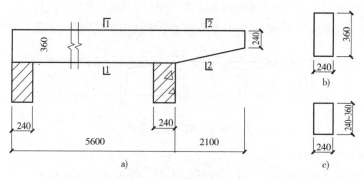

图 9-19 悬挑梁示意图

a) 立面 b) 1-1 剖面 c) 2-2 剖面

②挑梁压墙部分

$$V_2 = 0.24 \times 0.36 \times 5.6 \times 100$$
$$= 48.384 \ (\mathrm{m^3})$$

总工程量：
$$V_{总} = V_1 + V_2 = 63.504 \ (\mathrm{m^3})$$

【小贴士】式中：$(0.36 + 0.24) \times \dfrac{2.1}{2} \times 0.24$ 为套用异形梁公式 $\dfrac{1}{2} L_2 (h_1 + h_2) \ b$，有阳台 50 个，每个阳台有两个挑梁所以挑梁数量为 $50 \times 2 = 100$。

（2）定额工程量

定额工程量与清单工程量一样。

（3）计价

套《河南省房屋建筑与装饰工程预算定额》子目5-18，见表9-3。

表 9-3 梁定额　　　　　　　　　　　　　　　　　　（单位：10m³）

定额编号		5-16	5-17	5-18	5-19
项目		基础梁	矩形梁	异形梁	圈梁
基价/元		3301.04	3318.21	3367.44	4557.17
其中	人工费/元	368.58	382.07	407.61	1119.19
	材料费/元	2689.54	2684.04	2691.03	2700.02
	机械使用费/元	—	—	—	—
	其他措施费/元	15.13	15.70	16.74	45.97
	安文费/元	32.89	34.13	36.39	99.91
	管理费/元	97.45	101.13	107.83	296.03
	利润/元	56.67	58.82	62.71	172.17
	规费/元	40.78	42.32	45.13	123.88

计价：$48.384 \div 10 \times 3367.44 = 16293.02$（元）

9.2.4　现浇混凝土板

1. 基本概念

现浇钢筋混凝土楼板是指在现场依照设计位置，进行支模、绑扎钢筋、浇筑混凝土，经养护、拆模板而制作的楼板。该楼板具有坚固、耐久、防火性能好、成本低的特点。

2. 清单工程量计算规则

平板、拱板、薄壳板按设计图示尺寸以体积计算，不扣除单个面积≤0.3m² 的柱、垛以及孔洞所占体积。

有梁板（包括主、次梁与板）按梁、板体积之和计算，无梁板按板和柱帽体积之和计算，各类板伸入墙内的板头并入板体积内，薄壳板的肋、基梁并入薄壳体积内计算。

压型钢板混凝土楼板扣除构件内型形钢板所占体积。

天沟（檐沟）、挑檐板、其他板的工程量按设计图示尺寸以体积计算。

雨篷、悬挑板、阳台板的工程量按设计图示尺寸以墙外部分体积计算，包括伸出墙外的牛腿和雨篷反挑檐的体积。

空心板的工程量按设计图示尺寸以体积计算，空心板（GBF 高强薄壁蜂巢芯板等）应扣除空心部分体积。

9.2.5　现浇混凝土楼梯

1. 基本概念

现浇钢筋混凝土楼梯是指将楼梯段、平台和平台梁现场浇筑成一个整体的楼梯，其整体性好，抗震性强。现浇混凝土楼梯按构造的不同又分为板式楼梯和梁式楼梯两种，如图 9-20、图 9-21 所示。

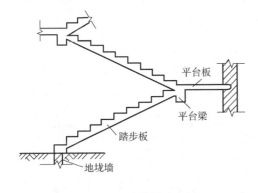

图 9-20　板式楼梯示意图

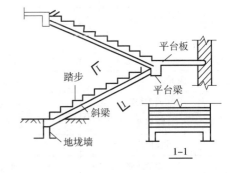

图 9-21　梁式楼梯示意图

2. 工程量计算规则

（1）以平方米计量，按设计图示尺寸以水平投影面积计算。不扣除宽度≤500mm 的楼梯井，伸入墙内部分不计算。

（2）以立方米计量，按设计图示尺寸以体积计算。

【例 9-4】某广场楼梯如图 9-22、图 9-23 所示，混凝土强度等级为 C20，试计算该楼梯工程量。

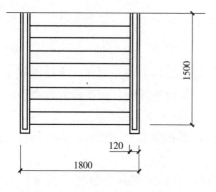

图9-22　某广场楼梯示意图

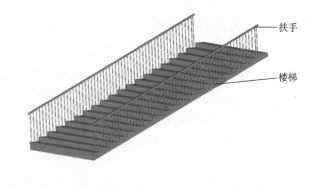

图9-23　某广场楼梯三维图

【解】（1）清单工程量

清单工程量计算规则：以平方米计量，按设计图示尺寸以水平投影面积计算。

直行楼梯工程量：$S = (1.8 - 0.24) \times 1.5 = 2.34$（$m^3$）

【小贴士】式中：（1.8 - 0.24）中的0.24为两边的扶手宽。

（2）定额工程量

按设计图示尺寸以水平投影面积计算，不扣除宽度小于500mm的楼梯井，伸入墙内部分不计算。当整体楼梯与现浇楼板无梯梁连接时，以楼梯最后一个踏步边缘300mm为界。

$$S = (1.8 - 0.24) \times 1.5 = 2.34 \ (m^3)$$

（3）计价

套《河南省房屋建筑与装饰工程预算定额》中子目5-46，见表9-4。

表9-4　楼梯定额　　　　　　　　　　　　　　　（单位：10m²）

定额编号		5-46	5-47	5-48
项　　目		楼梯		
		直行	弧形	螺旋形
基价/元		1254.26	1362.24	1911.15
其 中	人工费/元	338.46	526.34	733.19
	材料费/元	692.91	488.62	694.61
	机械使用费/元	—	—	—
	其他措施费/元	13.88	21.63	30.11
	安文费/元	30.18	47.02	65.44
	管理费/元	89.41	139.31	193.90
	利润/元	52.00	81.02	112.76
	规费/元	37.41	58.30	81.14

计价：$2.34 \div 10 \times 1254.26 = 293.50$（元）

9.2.6　后浇带

1. 基本概念

后浇带是在建筑施工中为防止现浇钢筋混凝土结构由于自身收缩不均或沉降不均可能产生的有害裂缝，按照设计或施工规范要求，在基础底板、墙、梁相应位置留设的临时施工缝，如图 9-24、图 9-25 所示。

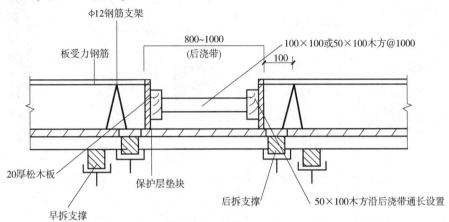

图 9-24　后浇带示意图

图 9-25　后浇带三维示意图

2. 工程量计算规则

按设计图示尺寸以体积计算。

【例 9-5】某钢筋混凝土工程后浇带，已知板厚 120mm，长度为 10m，宽度为 1.3m。试计算其工程量。

【解】清单工程量计算规则：按设计图示尺寸以体积计算。

$$V_{后浇带} = 10 \times 1.3 \times 0.12 = 1.56 \ (m^3)$$

9.3　预制混凝土构件

9.3.1　预制混凝土柱

工程量计算规则

（1）以立方米计量，按设计图示尺寸以体积计算。

(2) 以根计量，按设计图示尺寸以数量计算。

【例 9-6】 某预制混凝土矩形柱示意图如图 9-26 所示，三维图如图 9-27 所示，试计算矩形柱的工程量。

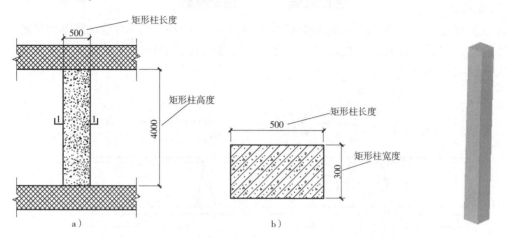

图 9-26　某预制混凝土矩形柱示意图

a) 平面图　b) 1-1 剖面图

图 9-27　某预制混凝土矩形柱三维图

【解】 清单工程量计算规则：

(1) 以立方米计量，按设计图示尺寸以体积计算。

预制混凝土矩形柱工程量 $= 0.5 \times 0.3 \times 4.0 = 0.6$（$m^3$）

【小贴士】 式中：0.5 为矩形柱截面长度，0.3 为矩形柱截面宽度，4.0 为矩形柱高度。

(2) 以根计量，按设计图示尺寸以数量计算。

预制混凝土矩形柱工程量为 1 根。

9.3.2　预制混凝土梁

1. 基本概念

预制梁是一种在混凝土构件厂或施工工地现场支模、搅拌、浇筑而成，待强度达到设计规定后，运输到安装位置进行安装的混凝土梁构件，如图 9-28 所示。

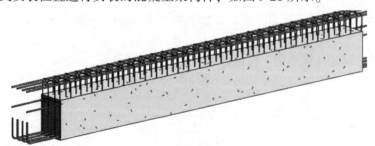

图 9-28　预制梁示意图

2. 工程量计算规则

(1) 以立方米计量，按设计图示尺寸以体积计算。

(2) 以根计量，按设计图示尺寸以数量计算。

【例 9-7】 某预制混凝土矩形梁示意图如图 9-29 所示，三维图如图 9-30 所示，试计算矩形梁的工程量。

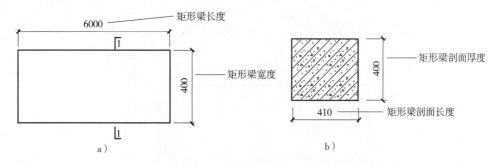

图 9-29　预制混凝土矩形梁示意图
a）平面图　b）1-1 剖面图

【解】 清单工程量计算规则：

（1）以立方米计量，按设计图示尺寸以体积计算。

预制混凝土矩形梁工程量 $= 0.41 \times 0.4 \times 6$
$$= 0.984 \ (m^3)$$

【小贴士】 式中：0.41×0.4 为矩形梁剖面面积，6 为矩形梁总长度。

（2）以根计量，按设计图示尺寸以数量计算。

预制混凝土矩形梁工程量 $= 1$ （根）

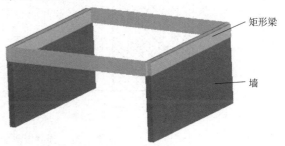

图 9-30　预制混凝土矩形梁三维图

9.3.3　预制混凝土屋架

1. 基本概念

屋架是房屋组成部件之一，多用木料、钢材或钢筋混凝土等材料制成，有三角形、梯形、拱形等各种形状。用于屋顶结构的桁架，它承受屋面和构架的重量以及作用在上弦上的风荷载。

2. 工程量计算规则

折线形、组合、薄腹、门式刚架、天窗架的工程量计算规则为：

（1）以立方米计量，按设计图示尺寸以体积计算。

（2）以榀计量，按设计图示尺寸以数量计算。

【例 9-8】 某预制混凝土折线形屋架，如图 9-31、图 9-32 所示，试计算其工程量。

【解】 1. 清单工程量计算规则

（1）以立方米计量，按设计图示尺寸以体积计算。

折线形屋架工程量 $= 0.75 \times 7.4 \times 0.75 + 0.5 \times 2 \times 3.7 \times 2.05 \times 0.75 - 3.1 \times 1.4 \times 0.75 = 6.60 \ (m^3)$

【小贴士】 式中：7.4 为梁的跨度，2.05 为屋脊高，0.75 为梁的尺寸，$0.5 \times 2 \times 3.7$（2-2 剖面上部屋架的长度）$\times 2.05$（2-2 剖面上部至屋架顶的高度）$\times 0.75$（1-1 剖面屋架的

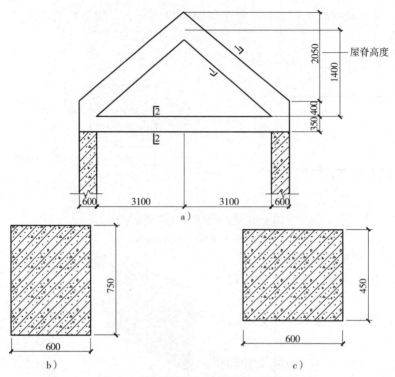

图 9-31　预制混凝土折线形屋架示意图

a) 平面　b) 1-1 剖面　c) 2-2 剖面

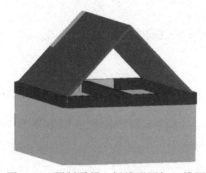

图 9-32　预制混凝土折线形屋架三维图

截面尺寸) 为示意图中 2-2 剖面上部至屋架顶的面积乘以厚度；3.1(屋架中间空洞的长度) ×1.4(屋架中间空洞的高度) ×0.75 为 2-2 剖面上部空洞部分的面积乘以厚度。

（2）以榀计量，按设计图示尺寸以数量计算。

$$折线形屋架工程量 = 1（榀）$$

2. 定额工程量

定额工程量计算与清单工程量相同。

9.3.4　预制混凝土板

1. 基本概念

预制装配式钢筋混凝土楼板是在工厂或现场预制好的楼板，然后人工或机械吊装到房屋上经坐浆灌缝而成。此做法可节省模板，改善劳动条件，提高效率，缩短工期，促进工业化水平。但预制楼板的整体性不好，灵活性也不如现浇板，更不宜在楼板上穿洞。预制装配式钢筋混凝土楼板如图 9-33 所示。

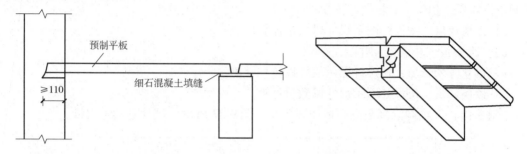

图 9-33　预制装配式钢筋混凝土楼板示意图

【例 9-9】某预制混凝土平板，如图 9-34、图 9-35 所示，试计算其工程量。

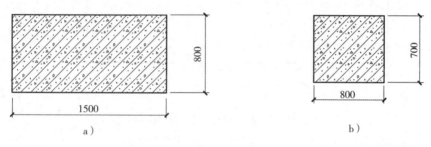

图 9-34　某预制混凝土平板示意图
a）平面图　　b）剖面图

图 9-35　某预制混凝土平板三维图

【解】清单工程量计算规则：

（1）以立方米计量，按设计图示尺寸以体积计算（不扣除单个面积≤300mm×300mm的孔洞所占体积，扣除空心板空洞体积）。

$$预制混凝土平板工程量 = 0.8 \times 0.7 \times 1.5 = 0.84（m^3）$$

【小贴士】式中：0.8 为平板宽度，0.7 为平板厚度，1.5 为平板长度。

（2）以块计量，按设计图示尺寸以数量计算。

预制混凝土平板工程量 = 1（块）

2. 其他预制板工程量计算规则

（1）平板、空心板、槽形板、网架板、带肋板、大型板

1）以立方米计量，按设计图示尺寸以体积计算。不扣除单个面积≤300mm×300mm的孔洞所占体积，扣除空心板空洞体积。

2）以块计量，按设计图示尺寸以数量计算。

（2）沟盖板、井盖板、井圈

1）以立方米计量，按设计图示尺寸以体积计算。

2）以块计量，按设计图示尺寸以数量计算。

【例9-10】某预制混凝土空心板如图9-36、图9-37所示，试计算其工程量。

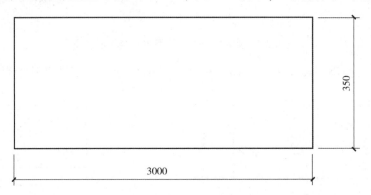

图9-36　某预制混凝土空心板平面示意图

【解】清单工程量计算规则：

（1）以立方米计量，按设计图示尺寸以体积计算（不扣除单个面积≤300mm×300mm的孔洞所占体积，扣除空心板空洞体积）。

预制混凝土空心板工程量 = [0.35 × 0.6 − 3.14 × 0.075³ ÷ 4 × 3] × 3.0 = 0.59（m³）

【小贴士】式中：3.0为空心板长度，0.35为空心板宽度，3.14为π取近似值，0.075为空心圆的直径。

（2）以块计量，按设计图示尺寸以数量计算。

预制混凝土空心板工程量 = 1（块）

9.3.5　预制装配式钢筋混凝土墙

预制混凝土剪力墙根据受力性能角度不同，可分为预制实心剪力墙和预制叠合剪力墙。预制实心剪力墙是指将混凝土剪力墙在工厂预制成实心构件，并在现场通过预留钢筋与主体结构相连接。预制混凝土夹心保温剪力墙是一种结构保温一体化的预制实心剪力墙，由外叶、内叶和中间层三部分组成。

预制装配式钢筋混凝土墙实景如图9-38所示，构造示意图如图9-39所示。

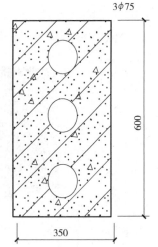

图9-37　某预制混凝土空心板剖面示意图

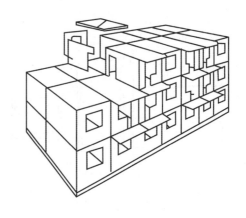

图 9-38　预制装配式钢筋混凝土墙实景 图 9-39　预制装配式钢筋混凝土墙构造示意图

9.3.6　预制混凝土楼梯

1. 预制装配式混凝土楼梯分类

（1）梁承式　预制装配梁承式钢筋混凝土楼梯是指梯段由平台梁支承的楼梯构造方式。预制构件可按梯段（板式或梁板式梯段）、平台梁、平台板三部分进行划分。

（2）墙承式　预制装配墙承式钢筋混凝土楼梯是指预制钢筋混凝土踏步板直接搁置在墙上的一种楼梯形式。其踏步板一般采用一字形、L 形或┐形断面，如图 9-40 所示。

（3）墙悬臂式　预制装配墙悬臂式钢筋混凝土楼梯是指预制钢筋混凝土踏步板一端嵌固于楼梯间侧墙上，另一端凌空悬挑的楼梯形式。

图 9-40　预制装配墙承式钢筋混凝土楼梯示意图

2. 工程量计算规则

（1）以立方米计量，按设计图示尺寸以体积计算。扣除空心踏步板空洞体积。

（2）以段计量，按设计图示数量计算。

9.4　钢筋及螺栓、铁件

9.4.1　螺栓

1. 基本概念

由头部和螺杆（带有外螺纹的圆柱体）两部分组成的一类紧固件，需与螺母配合，用于紧固连接两个带有通孔的零件。这种连接形式称螺栓连接。如把螺母从螺栓上旋下，又可以使这两个零件分开，故螺栓连接属于可拆卸连接，如图 9-41、图 9-42 所示。

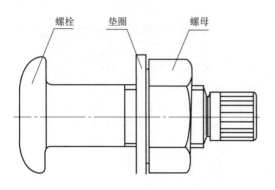

图 9-41　螺栓构造示意图

图 9-42　螺栓实物图

2. 工程量计算规则

按设计图示尺寸以质量计算。

9.4.2　预埋件

1. 基本概念

预埋件（预制埋件）就是预先安装（埋藏）在隐蔽工程内的构件，用于砌筑上部结构时的搭接，以利于外部工程设备基础的安装固定。

2. 工程量计算规则

按设计图示尺寸以质量计算。

第 10 章　金属结构工程

金属结构工程主要包括钢网架、钢屋架、钢托架、钢桁架、钢柱、钢构架、金属制品等。

金属结构强度高、自重轻、整体刚度好、变形能力强，故用于建造大跨度和超高、超重型的建筑物特别适宜；材料匀质性和各向同性好，属理想弹性体，符合一般工程力学的基本假定；材料塑性、韧性好，可有较大变形，能很好地承受动力荷载；建筑工期短；工业化程度高，一般为预制构件，现场安装较方便，且拆卸较为容易，广泛应用于大型厂房、场馆、超高层等领域。

金属结构工程量计算相对容易，一般计算所需金属构件的质量即可。

金属结构工程图的识读：金属结构工程图中，一般含有较为常见的图示定位轴线、比例和一些索引符号以及尺寸标准等，可以较为清晰地了解该金属结构的基本类型及尺寸等，对该结构有一个初步认识。

钢结构施工图提供给编制钢结构施工详图（也称钢结构加工制作详图）的单位作为深化设计的依据，所以其在内容和深度方面应满足编制钢结构施工详图的要求。钢结构施工图通常包括：图纸目录，设计总说明，柱脚锚栓布置图，纵、横、立面图，构件布置图，构件图，节点详图，等等。

1. 钢结构布置图

可采用单线表示法、复线表示法及单线加短构件表示法，并符合下列规定。

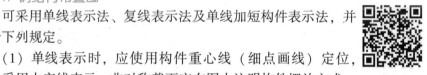

（1）单线表示时，应使用构件重心线（细点画线）定位，构件采用中实线表示；非对称截面应在图中注明构件摆放方式。

（2）复线表示时，应使用构件重心线（细点画线）定位，构件使用细实线表示构件外轮廓，用细虚线表示腹板或肢板。

（3）单线加短构件表示时，应使用构件重心线（细点画线）定位，构件采用中实线表示；短构件使用细实线表示构件外轮廓，细虚线表示腹板或肢板；短构件长度一般为构件实际长度的 1/3 ~ 1/2。

（4）为方便表示，非对称截面可采用外轮廓线定位。

2. 构件断面图

可采用原位标注或编号后集中标注，并符合下列规定。

（1）平面图中主要标注内容为梁、水平支撑、栏杆、铺板等平面构件。

（2）剖、立面图中主要标注内容为柱、支撑等竖向构件。

3. 构件连接表示方法

构件连接根据设计深度的不同要求，采用如下表示方法。

（1）索引图加节点详图的表示方法。

（2）标准图集的方法。

如图 10-1 所示，某工程为拱形钢屋架。通过屋架详图可以清楚地了解该屋架的尺寸以及各部分钢材的规格，便于施工以及工程量的计算。

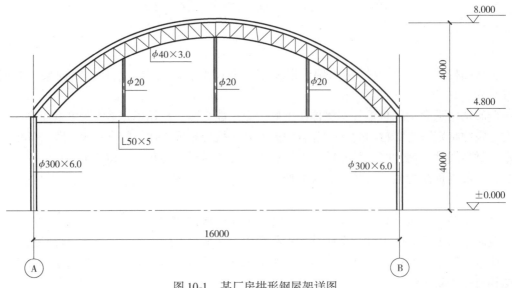

图 10-1　某厂房拱形钢屋架详图

10.1　钢网架

1. 基本概念

钢网架结构是由很多杆件通过节点按照一定规律组成的空间杆系结构，钢网架结构根据外形可分为平板网架和曲面网架。通常情况下，平板网架称为网架；曲面网架称为网壳。网架和网壳实景如图 10-2 所示。

图 10-2　网架与网壳实景

网架、网壳结构具有三维受力特点，能承受各方向的作用，并且网架结构一般为高次超静定结构，倘若一杆局部失效，超静定次数仅减少一次，内力可重新调整和分布，整个结构一般并不失效，具有较高的安全储备。

2. 工程量计算规则

按设计图示尺寸以质量计算。不扣除孔眼的质量,焊条、铆钉、螺栓等不另增加质量。

【例 10-1】 某不锈钢钢网架结构如图 10-3 所示,试计算该结构的工程量。

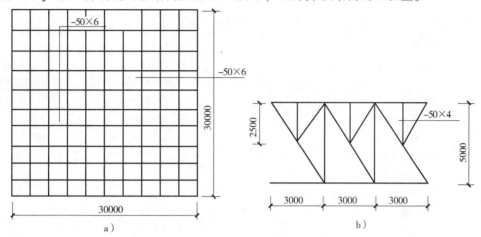

图 10-3　钢网架示意图

a) 总平面布置图　b) 每个网格的正立面及侧立面图

【解】 (1) 清单工程量

横向上下弦杆件工程量:查表知,6mm 厚钢板的理论质量为 47.1kg/m²。

$$m_1 = 47.1 \times 0.05 \times 30 \times 2 \times 11 = 1554.3 (\text{kg}) \approx 1.554 \ (\text{t})$$

横向腹杆工程量:查表知,4mm 厚钢板的理论质量为 47.1kg/m²。

$$m_2 = 3.14 \times 0.05 \times \left[\left(\sqrt{5^2+3^2} + 2.5 + \sqrt{2.5^2+1.5^2} \right) \times 10 + 5 \times 11 \right] \times 10 = 262.92 (\text{kg})$$
$$\approx 0.263(\text{t})$$

纵向上下弦杆件工程量:

$$m_3 = 47.1 \times 0.05 \times 30 \times 2 \times 11 = 1554.3 (\text{kg}) \approx 1.554 \ (\text{t})$$

纵向腹杆工程量:

$$m_4 = 3.14 \times 0.05 \times \left[\left(\sqrt{5^2+3^2} + 2.5 + \sqrt{2.5^2+1.5^2} \right) \times 10 + 5 \times 11 \right] \times 10$$
$$= 262.92(\text{kg}) \approx 0.263(\text{t})$$

总的工程量:

$$m = 1.554 + 0.263 + 1.554 + 0.263 = 3.634 \ (\text{t})$$

【小贴士】 式中:$0.05 \times 30 \times 2 \times 11$ 为横向上下弦杆件的截面尺寸乘以杆的长度乘以杆的个数;0.05 为腹杆的截面尺寸;$\sqrt{5^2+3^2}$ 为腹杆最长斜边的长度;2.5 为腹杆中间短杆的长度;$\sqrt{2.5^2+1.5^2}$ 为腹杆短边的长度;5 为腹杆中间长杆的长度;10 为网架中间腹杆个数;11 为网架边部腹杆的个数。

(2) 定额工程量

按设计图示尺寸乘以理论质量计算。不扣除孔眼的质量,焊条、铆钉等不另增加质量,焊接空心球网架质量包括连接钢管杆件、连接球、支托和网架支座等零件的质量,螺栓球节点网架质量包括连接钢管杆件 (含高强螺栓、销子、套筒、锥头或封板)、螺栓球、支托含网架支座等零件的质量。

定额工程量同清单工程量。

（3）计价

套《河南省房屋建筑与装饰工程预算定额》子目6-3焊接不锈钢网架，见表10-1。

表10-1　钢网架制作定额　　　　　　　　　　　　　　（单位：t）

定额编号	6-1	6-2	6-3
项目	钢网架		
	焊接空心球钢网架	螺栓球网架	焊接不锈钢网架
基价/元	8330.44	8433.36	32850.09
其中 人工费/元	1266.30	1479.04	2094.46
材料费/元	5571.77	4830.56	29052.75
机械使用费/元	574.06	962.17	379.89
其他措施费/元	60.06	75.97	86.53
安文费/元	130.54	165.13	188.07
管理费/元	357.36	452.03	514.84
利润/元	208.49	263.72	300.36
规费/元	161.86	204.74	233.19

计价：$3.634 \times 32850.09 = 119377.23$（元）

10.2　钢屋架、钢托架、钢桁架、钢架桥

10.2.1　钢屋架

1. 基本概念

屋架是房屋组成部件之一。用于屋顶结构的桁架承受屋面和构架的重量以及作用在上弦上的风荷载，有三角形、梯形、拱形等各种形状。屋架形式一般多用三角形，由上弦、下弦及垂直腹杆和斜腹杆组成，一般超过12m且大跨度的空间应采用钢筋混凝土屋架或钢屋架。三角形屋架、梯形屋架、拱形屋架如图10-4所示。

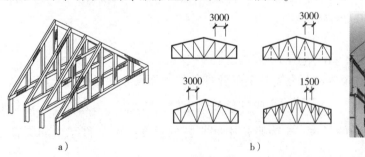

图10-4　屋架示意图

a）三角形屋架　b）梯形屋架　c）拱形屋架

2. 工程量计算规则

（1）以榀计量，按设计图示数量计算。

（2）以吨计量，按设计图示尺寸以质量计算。不扣除孔眼的质量，焊条、铆钉、螺栓

等不另增加质量。

【例 10-2】　某钢屋架如图 10-5 和图 10-6 所示，试求该钢屋架制作工程量。

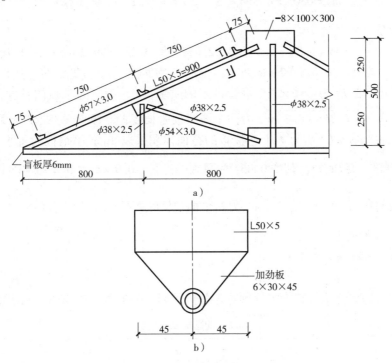

图 10-5　某钢屋架示意图

a) 立面　b) 1-1 剖面

【解】　（1）清单工程量

清单工程量计算规则：钢屋架的工程量以吨计量，按设计图示尺寸以质量计算。不扣除孔眼的质量，焊条、铆钉、螺栓等不另增加质量。

①上弦杆（$\phi 57 \times 3.0$ 钢管）工程量

$m_1 = (0.075 \times 2 + 0.75 \times 2) \times 2 \times 4 = 13.20(\mathrm{kg})$

②下弦杆（$\phi 54 \times 3.0$ 钢管）工程量

$m_2 = (0.8 + 0.8) \times 2 \times 3.77 = 12.06(\mathrm{kg})$

图 10-6　某钢屋架三维图

③腹杆（$\phi 38 \times 2.5$ 钢管）工程量

$m_3 = (0.25 \times 2 + \sqrt{0.25^2 + 0.8^2} \times 2 + 0.5) \times 2.19 = 5.86(\mathrm{kg})$

④连接板（厚 8mm）工程量

$m_4 = (0.1 \times 0.3 \times 4) \times 62.8 = 7.54(\mathrm{kg})$

⑤盲板（厚 6mm）工程量

$m_5 = \dfrac{\pi \times 0.054^2}{4} \times 2 \times 47.1 = 0.22(\mathrm{kg})$

⑥角钢（$\mathrm{L}50 \times 5$）工程量

$m_6 = 0.9 \times 6 \times 3.7 = 19.98\ (\mathrm{kg})$

⑦加劲板（厚6mm）工程量

$$m_7 = 0.03 \times 0.045 \times \frac{1}{2} \times 2 \times 6 \times 47.1 = 0.38 \text{（kg）}$$

总的工程量：

$$m = 13.20 + 12.06 + 5.86 + 7.54 + 0.22 + 19.98 + 0.38 = 59.24 \text{（kg）} = 0.059 \text{（t）}$$

【小贴士】式中：$(0.075 \times 2 + 0.75 \times 2) \times 2 \times 4$ 为两侧上弦杆的质量；$(0.8 + 0.8) \times 2$ 为下弦杆的总长度；3.77 为 $\phi54 \times 3.0$ 钢管每米的质量；0.5 为中间腹板的长度；0.25×2 为两边腹板的长度；$\sqrt{0.25^2 + 0.8^2} \times 2$ 为两个斜腹板的长度；2.19 为 $\phi38 \times 2.5$ 钢管每米的质量；$(0.1 \times 0.3 \times 4) \times 62.8$ 为 4 个连接板的截面面积乘以 8mm 厚钢板的每平方米的质量；$\frac{\pi \times 0.054^2}{4}$ 为盲板的截面积，其中 0.054 为盲板的直径；0.9×6 为 6 个角钢的长度；0.03×0.045（加劲板的截面尺寸）$\times \frac{1}{2} \times 2 \times 6$ 为 6 个加劲板的面积。

（2）定额工程量

定额工程量计算同清单工程量。

（3）计价

套《河南省房屋建筑与装饰工程预算定额》子目6-7圆（方）钢管，见表10-2。

表10-2　钢屋架制作定额　　　　　　　　　　　　（单位：t）

定额编号	6-4	6-5	6-6	6-7
项　目	钢屋架			
	焊接轻钢	焊接 H 型钢	焊接箱型钢	圆（方）钢管
基价/元	7884.93	6742.09	7375.64	7447.91
其中　人工费/元	1772.82	1108.01	1504.36	895.27
材料费/元	4382.26	4283.53	4337.85	5309.42
机械使用费/元	543.31	574.56	528.46	581.73
其他措施费/元	77.58	50.75	65.73	43.26
安文费/元	168.63	110.31	142.86	94.03
管理费/元	461.62	301.97	391.08	257.42
利润/元	269.32	176.18	228.16	150.18
规费/元	209.09	136.78	177.14	116.60

计价：$0.059 \times 7447.91 = 439.43$（元）

10.2.2　钢托架

1. 基本概念

托架因起梁的作用也称托架梁。支承中间屋架的桁架称为托架，托架一般采用平行弦桁架，其腹杆采用带竖杆的人字形体系，支托去掉柱子的屋架。托架安装在两端的柱子上，钢托架如图 10-7 所示。

图10-7　钢托架实物图

直接支承于钢筋混凝土柱上的托架常采用下承式；支于钢柱上的托架常采用上承式，托架高度应根据所支承的屋架端部高度、刚度要求、经济要求以及有利于节点构造的原则来决定。托架高度一般为跨度的 1/5 ~ 1/10，托架的节间长度一般为 2m 或者 3m。当托架跨度大于 18m 时，可做成双壁式，此时，上下弦采用平放的 H 型钢以满足平面外刚度要求。

2. 清单工程量计算规则

按设计图示尺寸以质量计算。不扣除孔眼的质量，焊条、铆钉、螺栓等不另增加质量。

【例 10-3】某钢托架如图 10-8 和图 10-9 所示，试求该托架的工程量。

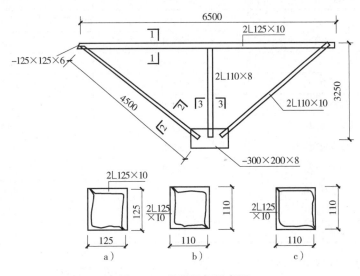

图 10-8　某钢托架示意图

【解】（1）清单工程量

钢托架的工程量按设计图示尺寸以质量计算。

上弦杆的工程量：查表知，L125 × 10 的理论质量是 19.133/m。

$$m_1 = 19.133 \times 6.5 \times 2 = 248.73 (\text{kg}) \approx 0.249 (\text{t})$$

斜向支撑的工程量：查表知，L110 × 10 的理论质量是 16.69(kg)/m。

$$m_2 = 16.69 \times 4.5 \times 4 = 300.429 (\text{kg}) \approx 0.300 \ (\text{t})$$

竖向支撑杆的工程量：查表知，L110 × 8 的理论质量是 13.532(kg)/m。

图 10-9　某钢托架三维图

$$m_3 = 13.532 \times 3.25 \times 2 = 87.96 (\text{kg}) \approx 0.088 \ (\text{t})$$

连接板的工程量：查表知，8mm 厚钢板的理论质量为 62.8(kg)/m^2。

$$m_4 = 62.8 \times 0.2 \times 0.3 \times 1 = 3.768 (\text{kg}) \approx 0.004 \ (\text{t})$$

塞板的工程量：查表知，6mm 厚钢板的理论质量为 47.1(kg)/m。

$$m_5 = 47.1 \times 0.125 \times 0.125 \times 2 = 1.472 (\text{kg}) \approx 0.001 \ (\text{t})$$

总的工程量：

$$m = 0.249 + 0.300 + 0.088 + 0.004 + 0.001 = 0.642 \ (\text{t})$$

【小贴士】式中：6.5 × 2 为上弦杆长度乘以根数，4.5 × 4 为斜向支撑长度乘以根数，

3. 25 × 2 为竖向支撑杆长度乘以根数，0. 2 × 0. 3 × 1 为连接板尺寸 × 个数。

（2）定额工程量

定额工程量计算同清单工程量。

（3）计价

套《河南省房屋建筑与装饰工程预算定额》子目 6-9 焊接箱型，见表 10-3。

表 10-3　钢托架制作定额　　　　　　　　　　（单位：t）

定额编号		6-8	6-9
项目		钢托架	
		焊接 H 型	焊接箱型
基价/元		6730. 11	7473. 45
其中	人工费/元	1208. 05	1575. 28
	材料费/元	4154. 21	4287. 96
	机械使用费/元	529. 04	558. 32
	其他措施费/元	54. 86	68. 80
	安文费/元	119. 24	149. 53
	管理费/元	326. 42	409. 34
	利润/元	190. 44	238. 81
	规费/元	147. 85	185. 41

计价：0. 642 × 7473. 45 = 4797. 95（元）

10. 2. 3　钢桁架

1. 基本概念

钢桁架是指用钢材制造的桁架。工业与民用建筑的屋盖结构、吊车梁、桥梁和水工闸门等，常用钢桁架作为主要承重构件。各式塔架，如桅杆塔、电视塔和输电线路塔等，常用三面、四面或多面平面桁架组成的空间钢桁架。下承式桁架桥如图 10-10 所示。

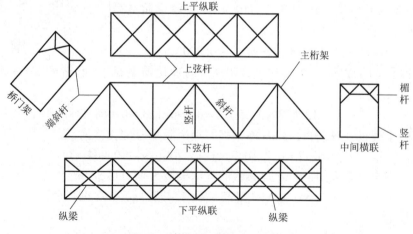

图 10-10　下承式桁架桥梁示意图

2. 清单工程量计算规则

按设计图示尺寸以质量计算。不扣除孔眼的质量，焊条、铆钉、螺栓等不另增加质量。

【例 10-4】某钢桁架如图 10-11、图 10-12 所示，试求该钢桁架的工程量。

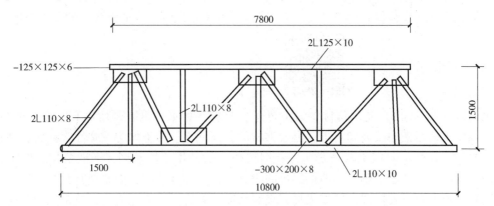

图 10-11　某钢桁架示意图

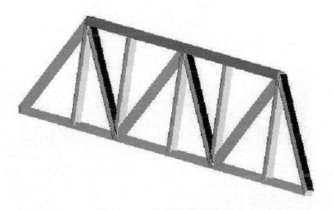

图 10-12　某钢桁架三维图

【解】清单工程量计算规则：按设计图示尺寸以质量计算。

上弦杆工程量：查表得，L125×10 的理论质量是 19.133kg/m，

$$m_1 = 19.133 \times 7.8 \times 2 = 298.475(\text{kg}) \approx 0.298 \ (\text{t})$$

下弦杆工程量：查表得，L110×10 的理论质量是 16.69kg/m。

$$m_2 = 16.69 \times 10.8 \times 2 = 360.504(\text{kg}) \approx 0.361 \ (\text{t})$$

斜向支撑杆的工程量：查表得，L110×8 的理论质量是 13.532kg/m。

$$m_3 = 13.532 \times \sqrt{1.5^2 + 1.5^2} \times 2 \times 6 = 344.47(\text{kg}) \approx 0.344 \ (\text{t})$$

竖向支撑杆的工程量：

$$m_4 = 13.532 \times 1.5 \times 2 \times 5 = 202.98(\text{kg}) \approx 0.203 \ (\text{t})$$

连接板的工程量：查表得，8mm 厚钢板的理论质量为 62.8kg/m²。

$$m_5 = 62.8 \times 0.2 \times 0.3 \times 5 = 18.84(\text{kg}) \approx 0.019 \ (\text{t})$$

塞板的工程量：查表得，6mm 厚钢板的理论质量为 47.1kg/m²。

$$m_6 = 47.1 \times 0.125 \times 0.125 \times 4 = 2.94 \, (\text{kg}) \approx 0.003 \quad (\text{t})$$

总的工程量：

$$m = 0.298 + 0.361 + 0.344 + 0.203 + 0.019 + 0.003 = 1.228 \quad (\text{t})$$

【小贴士】式中：7.8×2 为上弦杆长度乘以根数，10.8×2 为下弦杆长度乘以根数，$\sqrt{1.5^2 + 1.5^2} \times 2 \times 6$ 为斜向支撑杆长度乘以根数，$0.2 \times 0.3 \times 5$ 为连接板尺寸乘以个数。

10.2.4 钢架桥

1. 基本概念

钢架桥（图 10-13）是用钢材作为主要建造材料的桥梁，具有强度高、刚度大的特点，相对于混凝土桥可减小梁高和自重。由于钢材的各向同性、质地均匀及弹性模量大，使桥的工作情况与计算图示假定比较符合，另外钢架桥一般采用工厂预制，工地拼接，施工周期短、加工方便且不受季节影响。但钢架桥的耐火性、耐腐蚀性差，需要经常检查、维修，养护费用高。由于钢材强度高，性能优越，表观密度与容许应力之比值小，故钢架桥跨越能力较强。钢架桥的构件制造最适合工业化，运输与安装均较方便，架设工期较短，破坏后易修复和更换。

图 10-13　钢架桥

2. 清单工程量计算规则

按设计图示尺寸以质量计算。不扣除孔眼的质量，焊条、铆钉、螺栓等不另增加质量。

10.3　钢柱、钢梁

10.3.1 钢柱

1. 基本概念

钢柱是用钢材制造的柱。大中型工业厂房、大跨度公共建筑、高层房屋、轻型活动房屋、工作平台、栈桥和支架等的柱，大多采用钢柱。钢柱如图 10-14 所示，其中实腹柱和格构柱示意图如图 10-15 所示。

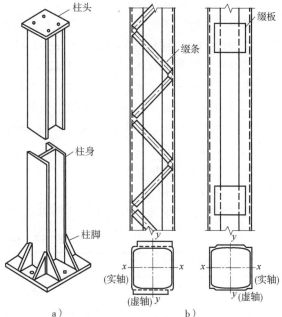

图 10-14　钢柱实物图

图 10-15　钢柱示意图
a) 实腹柱　b) 格构柱

2. 工程量计算规则

（1）实腹钢柱、空肚钢柱

按设计图示尺寸以质量计算。不扣除孔眼的质量，焊条、铆钉、螺栓等不另增加质量，依附在钢柱上的牛腿及悬臂梁等并入钢柱工程量内。

（2）钢管柱

按设计图示尺寸以质量计算。不扣除孔眼的质量，焊条、铆钉、螺栓等不另增加质量，钢管柱上的节点板、加强环、内衬管、牛腿等并入钢管柱工程量内。

【例 10-5】某建筑 H 形实腹柱如图 10-16、图 10-17 所示，其长度为 3.3m，共 20 根，试计算其工程量。

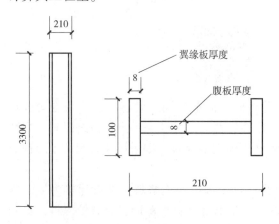

图 10-16　H 形实腹柱示意图

图 10-17　H 形实腹柱三维图

【解】（1）清单工程量

清单工程量计算规则：按设计图示尺寸以质量计算。

查表得，8mm 厚钢板的理论质量为 62.8kg/m²

翼缘板工程量 $= 62.8 \times 0.1 \times 3.3 \times 2 = 41.45(\text{kg}) \approx 0.041(\text{t})$

腹板工程量 $= 62.8 \times 3.3 \times (0.21 - 0.008 \times 2) = 40.20(\text{kg}) \approx 0.040(\text{t})$

实腹钢柱工程量 $= (0.041 + 0.040) \times 20 = 1.62(\text{t})$

【小贴士】式中：$62.8 \times 0.1 \times 3.3 \times 2$ 为两个翼缘板的工程量。

（2）定额工程量

定额工程量同清单工程量。

（3）计价

套《河南省房屋建筑与装饰工程预算定额》子目 6-13 焊接 H 型钢柱，见表 10-4。

表 10-4　钢柱制作定额　　　　　　　（单位：t）

定额编号		6-13	6-14	6-15	6-16
项目		实腹柱		钢管柱	焊接空腹钢柱
		焊接 H 型钢柱	焊接钢柱		
基价/元		6525.98	6826.42	7677.83	7344.05
其中	人工费/元	1042.16	1182.72	1052.30	1280.23
	材料费/元	4260.28	4273.20	5405.45	4528.14
	机械使用费/元	498.44	557.14	505.30	650.77
	其他措施费/元	47.42	53.20	46.75	57.88
	安文费/元	103.08	115.62	101.61	125.79
	管理费/元	282.17	316.52	278.15	344.36
	利润/元	164.62	184.66	162.28	200.90
	规费/元	127.81	143.36	125.99	155.98

计价：$1.14 \times 6525.98 = 7439.62$（元）

10.3.2　钢梁

1. 钢梁的分类

（1）型钢梁　用热轧成形的工字钢或槽钢等制成，檩条等轻型梁还可以采用冷弯成形的 Z 形钢和槽钢。型钢梁加工简单、造价低廉，但型钢截面尺寸受到一定规格的限制。当荷载和跨度较大，采用型钢截面不能满足强度、刚度或稳定要求时，则采用组合梁。Z 形钢和槽钢如图 10-18 所示。

（2）组合梁　由钢板或型钢焊接或铆接而成。由于铆接费工费料，常以焊接为主。常用的焊接组合梁为由上、下翼缘板和腹板组成的工字形截面和箱形截面，后者较费料，且制作工序较繁琐，但具有较大的抗弯刚度和抗扭刚度，适用于有侧向荷载和抗扭要求较高或梁高受到限制等情况。

图 10-18　Z 形钢与槽钢

2. 工程量计算规则

按设计图示尺寸以质量计算。不扣除孔眼的质量，焊条、铆钉、螺栓等不另增加质量，制动梁、制动板、制动桁架、车挡并入。

【例 10-6】某槽形钢梁如图 10-19、图 10-20 所示，试计算其工程量。

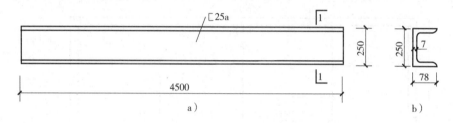

图 10-19　某钢梁示意图

a）立面　b）1-1 剖面

图 10-20　某钢梁三维图

【解】清单工程量计算规则：按设计图示尺寸以质量计算。

查表得 [25a 的理论质量是 27.4kg/m。

$$m = 27.4 \times 4.5 = 123.3(\text{kg}) \approx 0.123\ (\text{t})$$

【小贴士】式中：27.4 × 4.5 为 [25a 槽钢每米的质量乘以槽形钢梁的长度。

10.4 钢板楼板、墙板及其他钢构件

10.4.1 钢板楼板、墙板

1. 基本概念

压型钢板与混凝土组合楼板是指由压型钢板上浇筑混凝土组成的组合楼板，根据压型钢板是否与混凝土共同工作可分为组合板和非组合板。组合板是指压型钢板除用作浇筑混凝土的永久性模板外，还充当板底受拉钢筋的现浇混凝土楼（屋面）板。非组合板是指压型钢板仅作为混凝土楼板的永久性模板，不考虑参与结构受力的现浇混凝土楼（屋面）板。

2. 工程量计算规则

（1）钢板楼板　按设计图示尺寸以铺设水平投影面积计算。不扣除单个面积≤0.3m² 的柱、垛及孔洞所占面积。

【例10-7】某平房建筑钢板楼板如图10-21所示，试计算其工程量。

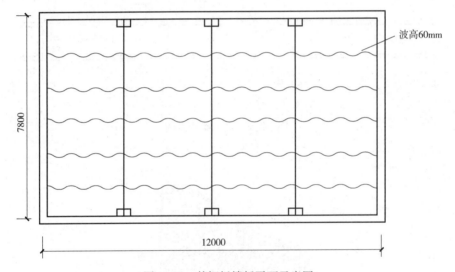

图10-21　某钢板楼板平面示意图

【解】（1）清单工程量

清单工程量计算规则：按设计图示尺寸以铺设水平投影面积计算。

$$钢板楼板工程量 = 7.8 \times 12 = 93.6 （m^2）$$

【小贴士】式中：7.8×12 为钢板楼板所占面积。

（2）定额工程量

定额工程量同清单工程量。

（3）计价

套《河南省房屋建筑与装饰工程预算定额》子目6-89压型钢板楼层板，见表10-5。

表 10-5　楼面板定额　　　　　　　（单位：100m²）

定额编号		6-89	6-90
项　　目		楼面板	
		压型钢板楼层板	自承式楼层板
基价/元		11495. 22	6933. 94
其中	人工费/元	1908. 31	2284. 41
	材料费/元	8274. 36	3100. 82
	机械使用费/元	98. 49	98. 49
	其他措施费/元	79. 40	94. 85
	安文费/元	172. 58	206. 15
	管理费/元	472. 45	564. 35
	利润/元	275. 64	329. 25
	规费/元	213. 99	255. 62

计价：93.6 ÷ 100 × 11495. 22 = 10759. 53 （元）

（2）钢板墙板　按设计图示尺寸以铺挂展开面积计算。不扣除单个面积≤0.3m² 的梁、孔洞所占面积，包角、包边、窗台泛水等不另加面积。

【例 10-8】某压型钢板墙板如图 10-22 所示，试计算其工程量。

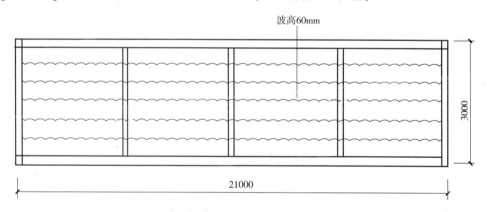

图 10-22　某钢板墙板布置图

【解】清单工程量计算规则：按设计图示尺寸以铺挂展开面积计算。

$$S = 21 \times 3 = 63 \ (m^2)$$

10. 4. 2　其他钢构件

1. 基本概念

钢构件是指用钢板、角钢、槽钢、工字钢、焊接或热轧 H 型钢冷弯或焊接通过连接件连接而成的能承受和传递荷载的钢结构组合构件，如图 10-23 所示。

图 10-23　钢构件

2. 工程量计算规则

（1）钢支撑、钢拉条、钢檩条、钢天窗架、钢挡风架、钢墙架、钢平台、钢走道、钢梯、钢护栏的工程量计算规则为按设计图示尺寸以质量计算，不扣除孔眼的质量，焊条、铆钉、螺栓等不另增加质量。

（2）钢漏斗、钢板天沟的工程量计算规则为按设计图示尺寸以质量计算，不扣除孔眼的质量，焊条、铆钉、螺栓等不另增加质量，依附漏斗或天沟的型钢并入漏斗或天沟工程量内。

（3）钢支架、零星钢结构的工程量计算规则为按设计图示尺寸以质量计算，不扣除孔眼的质量，焊条、铆钉、螺栓等不另增加质量。

【例 10-9】某钢檩条如图 10-24、图 10-25 所示，试计算其工程量。

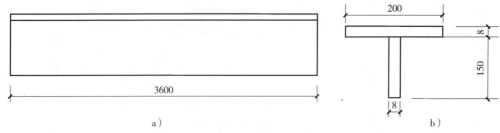

a）

图 10-24　某钢檩条示意图

a）立面　b）侧面

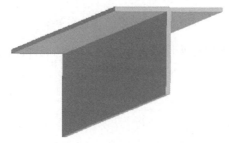

图 10-25　某钢檩条三维图

【解】清单工程量

清单工程量计算规则：按设计图示尺寸以质量计算。

8mm 厚钢板理论质量为 62.8kg/m²

翼缘板的工程量 $=62.8 \times 0.2 \times 3.6 = 45.22 (\text{kg}) = 0.045$（t）

腹板的工程量 $=62.8 \times 0.15 \times 3.6 = 33.91 (\text{kg}) = 0.034$（t）

钢檩条工程量 $=0.045 + 0.034 = 0.079$（t）

【小贴士】式中：0.2×3.6 为翼缘板的长宽尺寸，0.15×3.6 为腹板的立面尺寸。

【例 10-10】H 型钢规格为 $180\text{mm} \times 105\text{mm} \times 6\text{mm} \times 8\text{mm}$，如图 10-26、图 10-27 所示，其长度为 9m，试计算 H 型钢工程量。

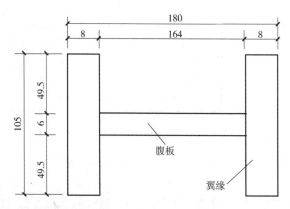

图 10-26　某 H 型钢示意图

【解】清单工程量计算规则：按设计图示尺寸以质量计算。

查表得，6mm 厚钢板的理论质量为 47.1 kg/m²，8mm 厚钢板的理论质量为 62.8kg/m²。

①6mm 厚钢板的工程量

$$m_1 = 47.1 \times 0.164 \times 9 = 69.520 (\text{kg})$$
$$\approx 0.070 \text{（t）}$$

②8mm 厚钢板的工程量

$$m_2 = 62.8 \times 0.105 \times 9 \times 2 = 118.692 (\text{kg})$$
$$\approx 0.119 \text{（t）}$$

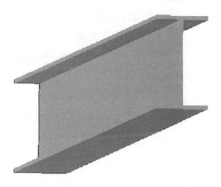

图 10-27　某 H 型钢三维图

总的工程量

$$m = 0.070 + 0.119 = 0.189 \text{（t）}$$

【小贴士】式中：0.164×9 为腹板尺寸，0.105×9 为翼缘尺寸，2 为两个翼缘。

10.4.3　金属制品

金属制品包括结构性金属制品、金属工具、集装箱及金属包装容器、不锈钢及类似日用金属制品等。

1. 成品栅栏

清单工程量计算规则：按设计图示尺寸以框外围展开面积计算。

【例 10-11】某操场欲用成品金属栅栏围住，如图 10-28 所示，试计算其工程量。

【解】清单工程量计算规则：按设计图示尺寸以框外围展开面积计算。

成品栅栏 $= 1.1 \times 15 \times 2 + 1.1 \times 20 \times 2 = 77$（m²）

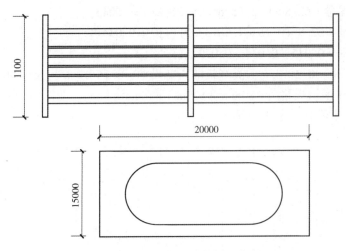

图 10-28　某操场成品栅栏示意图

【小贴士】式中：1.1 是栅栏高度，15 和 20 是操场的宽和长。

2. 成品雨篷

（1）基本概念　雨篷是设置在建筑物进出口上部的遮雨、遮阳篷。雨篷梁是典型的受弯构件。成品金属雨篷如图 10-29 所示。

（2）工程量计算规则

1）以米计量，按设计图示接触边以米计算。

2）以平方米计量，按设计图示尺寸以展开面积计算。

【例 10-12】某室外菜市场欲搭建一个雨篷，如图 10-30、图 10-31 所示，场地长 30m，试计算其工程量。

图 10-29　现场搭建金属成品雨篷

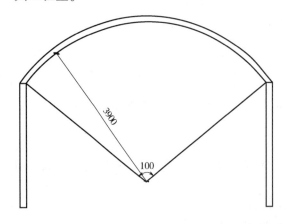

图 10-30　某菜市场雨篷示意图

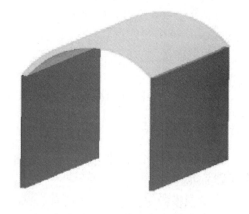

图 10-31　某菜市场雨篷三维图

【解】清单工程量计算规则：按设计图示尺寸以框外围展开面积计算。

成品雨篷工程量 = 100/360 × 3.9 × 2 × 3.14 × 30 = 204.1（m²）

【小贴士】式中：100/360×3.9×2×3.14 为图示雨篷横截面的弧长。

3. 金属网栏

清单工程量计算规则：按设计图示尺寸以框外围展开面积计算。

【例 10-13】某圆形花园欲建一周的金属网栏，如图 10-32、图 10-33 所示，大门宽 2m，试计算金属网栏的工程量。

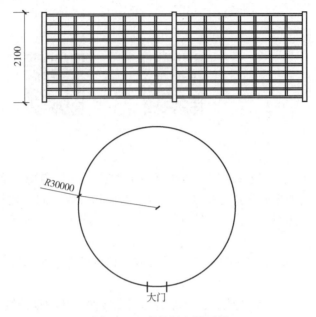

图 10-32　某花园金属网栏

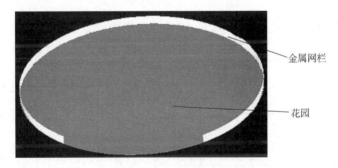

图 10-33　某花园金属网栏

【解】清单工程量计算规则：按设计图示尺寸以框外围展开面积计算。

金属网栏工程量 = (30×2×3.14−2)×2.1 = 391.44（m²）

【小贴士】式中：(30×2×3.14−2) 为圆形花园除去大门外的长度。

第11章 门窗及木结构

11.1 门窗工程

11.1.1 门

1. 基本概念

门是指建筑物的出入口或安装在出入口能开关的装置，是建筑物的重要组成部分，也是主要围护构件之一。门的主要作用是交通和疏散、围护和分隔空间、建筑立面装饰和造型，并兼有采光和通风的作用。

2. 工程量计算规则

（1）清单工程量　木门的清单工程量计算规则：按设计图示洞口尺寸以面积计算。

（2）定额工程量

1）木门的定额工程量计算规则：成品套装木门安装按设计数量计算。

2）铝合金门窗（飘窗、阳台封闭窗除外）、塑钢窗均按设计图中门、窗洞口面积计算。

【例 11-1】某建筑采用成品套装木门，该建筑的平面示意图如图 11-1 所示，木质门 M-1 立面示意图如图 11-2 所示，三维图如图 11-3 所示。试计算木质门工程量。

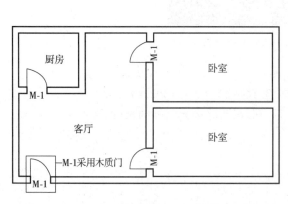

图 11-1　某建筑平面示意图

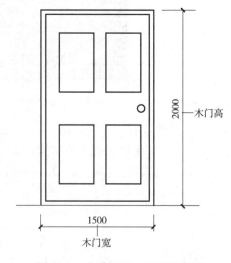

图 11-2　木质门 M-1 立面示意图

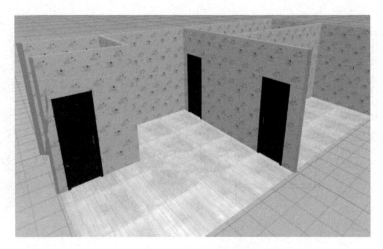

图 11-3　木质门 M-1 三维图

【解】（1）清单工程量

$$S_{\text{木质门}} = 2 \times 1.5 \times 4 = 12 \quad (\text{m}^2)$$

【小贴士】式中：2×1.5 为单樘门的面积；4 为门的数量。

（2）定额工程量

木门的定额工程量：4 樘。

（3）计价

套《河南省房屋建筑与装饰工程预算定额》中子目8-3 成品套装木门安装，见表 11-1。

表 11-1　单扇门定额　　　　　　　（单位：10 樘）

	定额编号	8-3
	项目	单扇门
	基价/元	13460.52
其中	人工费/元	466.35
	材料费/元	12766.13
	机械使用费/元	—
	其他措施费/元	19.14
	安文费/元	41.59
	管理费/元	79.03
	利润/元	36.71
	规费/元	51.57

计价：$4 \div 10 \times 13460.52 = 5384.21$ （元）

【例 11-2】某建筑平面示意图及三维图如图 11-4 所示，该建筑中内门采用成品套装木门，外门采用双扇金属门，门的具体尺寸如图 11-5 所示，试计算门的工程量。

【解】（1）清单工程量

$$S_{\text{外}} = 2.1 \times 1.6 \times 2 = 6.72 \quad (\text{m}^2)$$

$$S_{\text{内}} = 2.1 \times 1 \times 4 = 8.4 \quad (\text{m}^2)$$

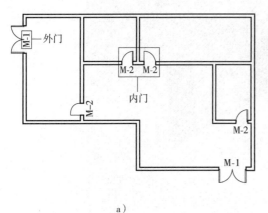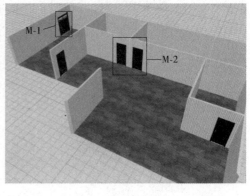

a)　　　　　　　　　　b)

图 11-4　某建筑平面示意图及三维图

a) 平面图　b) 三维图

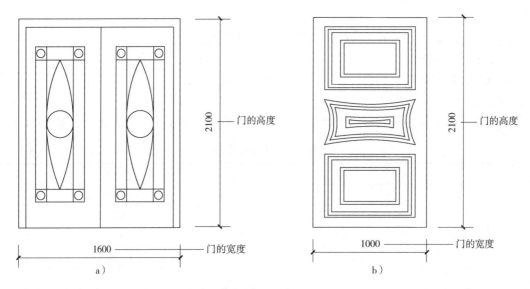

a)　　　　　　　　　　b)

图 11-5　门的尺寸图

a) M-1 的尺寸　b) M-2 的尺寸

【小贴士】式中：2.1×1.6、2.1×1 为单樘门的面积；2、4 为门的数量。

（2）定额工程量

木门的定额工程量为：4 樘。

金属门的定额工程量同清单工程量，为 8.4m²。

【例 11-3】某样板房为了美观，浴室、阳台以及厨房门均采用推拉门，样板房平面示意图及三维图如图 11-6 所示，推拉门的尺寸如图 11-7 所示，试计算推拉门的工程量。

【解】（1）清单工程量

$$S_{M-1} = 2.1 \times 2.1 = 4.41 \ (m^2)$$

$$S_{M-2} = 2.1 \times 1.5 \times 2 = 6.3 \ (m^2)$$

【小贴士】式中：2.1×2.1、2.1×1.5 为单樘门的面积；2 为门的数量。

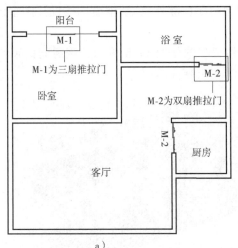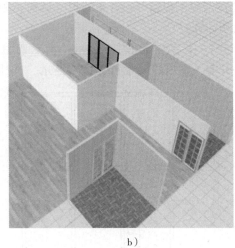

图 11-6　某样板房平面示意图及三维图

a) 平面图　b) 三维图

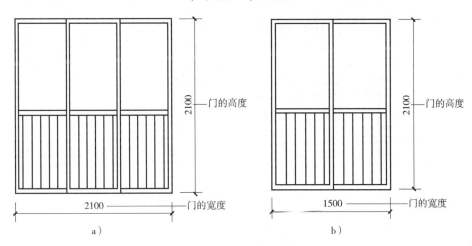

图 11-7　门的尺寸图

a) M-1 的尺寸　b) M-2 的尺寸

（2）定额工程量

金属门的定额工程量同清单工程量，M-1 为 $4.41m^2$，M-2 为 $6.3m^2$。

11.1.2　窗

1. 基本概念

窗是房屋建筑的非承重围护构件之一。其主要功能是采光、通风和立面装饰，并起到空间视觉联系的作用，根据建筑功能的要求和所处的环境，还应具有保温、防腐、隔声、防风沙雨雪、节能和便于工业生产等功能。

2. 工程量计算规则

（1）清单工程量　木质平开窗清单工程量计算规则为：按设计图示洞口尺寸以面积计算。

（2）定额工程量　铝合金门窗（飘窗、阳台封闭窗除外）、塑钢窗均按设计图中门、窗洞口面积计算。

【例11-4】某农家乐中房间的平面示意图和三维图如图11-8所示，该房间的窗户采用木质平开窗，窗户的尺寸如图11-9所示，试计算平开窗工程量。

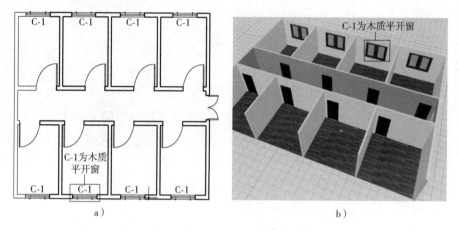

图11-8　某农家乐平面示意图及三维图
a）平面图　b）三维图

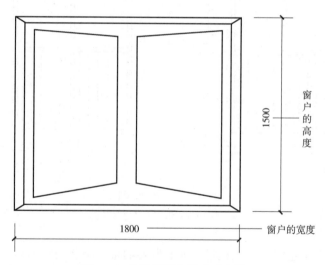

图11-9　木质平开窗尺寸示意图

【解】清单工程量：木质平开窗清单工程量计算规则为：按设计图示洞口尺寸以面积计算。

$$S_{C-1} = 1.5 \times 1.8 \times 8 = 21.6 \ (m^2)$$

【小贴士】式中：1.5×1.8为单扇窗的面积；8为门的数量。

【例11-5】某教学楼首层平面示意图及三维图如图11-10所示，该教学楼共有5层，布置均与首层相同，该教学楼的窗采用塑钢推拉窗，其中推拉窗有C-1、C-2两种尺寸，如图11-11所示。试计算推拉窗工程量。

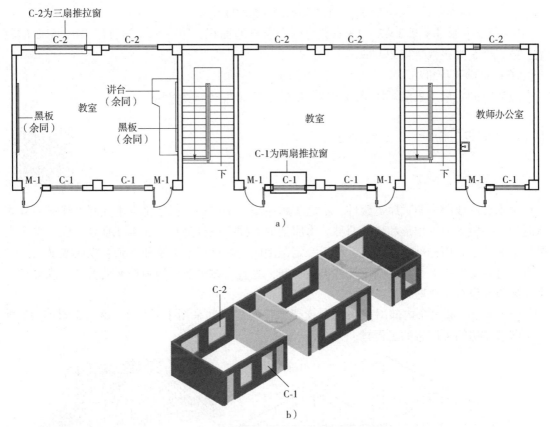

图 11-10　某教学楼首层平面示意图及三维图

a) 平面图　b) 三维图

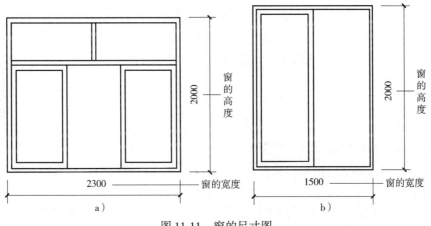

图 11-11　窗的尺寸图

a) C-1 的尺寸　b) C-2 的尺寸

【解】

（1）清单工程量

塑钢推拉窗的清单工程量计算规则为：以平方米计量，按设计图示洞口尺寸以面积计算。

$$S_{C-1} = 2.3 \times 2 \times 5 \times 5 = 115 \ (m^2)$$

$$S_{\text{C-2}} = 1.5 \times 2 \times 5 \times 5 = 75 \quad (\text{m}^2)$$

【小贴士】式中：2.3×2、2×1.5 为单个窗户的面积；第一个 5 为首层 C-1、C-2 的数量；第二个 5 为该教学楼的层数。

（2）定额工程量

金属窗的定额工程量同清单工程量，C-1 为 115m^2，C-2 为 75m^2。

11.2 木结构

11.2.1 屋架

由木材制成的桁架式屋盖构件，称之为木屋架，常用的木屋架是方木或圆木连接的豪式木屋架，一般分为三角形和梯形两种。木屋架的支撑系统分为水平支撑和垂直支撑，水平支撑指下弦与下弦用杆件连在一起，可于一定范围内，在屋架的上弦和下弦、纵向或横向连续布置。垂直支撑指上弦与下弦用杆件连在一起，垂直支撑可与屋架中部连续设置，或每隔一个屋架节间设置一道剪刀撑。

【例 11-6】某房子内部屋架采用木屋架，整间房子共采用木屋架 12 榀，如图 11-12 所示。试求该房间中屋架的工程量。

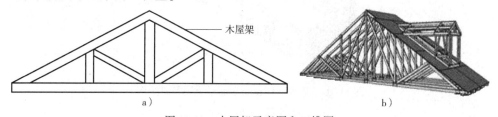

图 11-12　木屋架示意图和三维图

a）立面图　b）三维图

【解】木屋架的清单工程量计算规则为：以榀计量，按设计图示数量计算。

木屋架工程量 = 图示工程量 = 1 榀

11.2.2 木构件

1. 基本概念

柱子是建筑物中用以支承栋梁桁架的长条形构件。工程结构中主要承受压力，有时也同时承受弯矩，用以支承梁、桁架、楼板等。木柱是采用木材制成的，是我国古代最常用的竖向支撑构件。

由支座支承，承受的外力以横向力和剪力为主，以弯曲为主要变形的构件称为梁。梁承托着建筑物上部构架中的构件及屋面的全部重量，是建筑上部构架中最为重要的部分。依据梁的具体位置、详细形状、具体作用等的不同有不同的名称。木梁是梁按照材料分类中的一种。木梁在古代建筑中运用广泛，现代建筑中也常采用木地板、木梁等天然材料来装点家居。

2. 工程量计算规则

（1）清单工程量　木柱和木梁的清单工程量计算规则为：按设计图示尺寸以体积计算。

（2）定额工程量　木柱、木梁的定额工程量计算为：按设计图示尺寸以体积计算。

【例 11-7】某仿古建筑采用木柱、木梁进行搭建，该仿古建筑层高 4.2m，柱截面半径为 200mm，梁的截面尺寸为 400mm × 400mm，该建筑平面示意图和三维图如图 11-13、图 11-14 所示，试计算木柱、木梁的工程量。

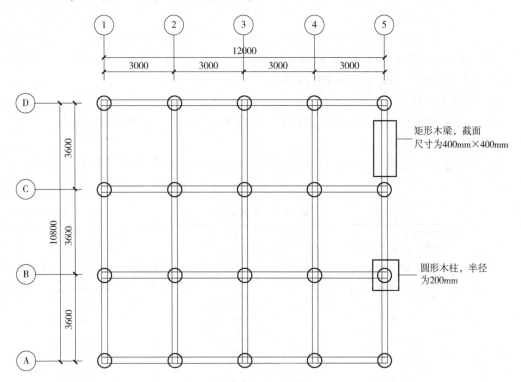

图 11-13　某仿古建筑平面示意图

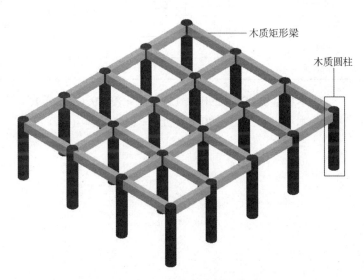

图 11-14　某仿古建筑三维图

【解】（1）清单工程量

$$V_{木柱} = 0.2^2 \times 3.14 \times 4.2 \times 20 = 10.55 \ (m^3)$$

$$V_{木梁} = \left[(12+10.8) \times 2 + (10.8-0.4) \times 3 + (12-0.4) \times 2 \right] \times$$
$$0.4^2 - 0.2^2 \times 3.14 \times 0.4 \times 20$$
$$= (45.6 + 31.2 + 23.2) \times 0.4^2 - 1.005$$
$$= 15 (m^3)$$

【小贴士】式中：$0.2^2 \times 3.14$ 为木柱的截面积；0.4^2 为木梁的截面积；20 为木柱的数量；4.2 为木柱的高度；$\left[(12+10.8) \times 2 + (10.8-0.4) \times 3 + (12-0.4) \times 2 \right]$ 为木梁的长度；$0.2^2 \times 3.14 \times 0.4 \times 20$ 为需要扣减的部分。

（2）定额工程量

木柱、木梁的定额工程量同清单工程量，木柱为 $10.55m^3$，木梁为 $13.49m^3$。

（3）计价

套《河南省房屋建筑与装饰工程预算定额》中子目7-11 木柱-圆木、7-14 木梁-方木，见表11-2。

表 11-2　木柱定额　　　　　　　　　（单位：10m³）

定额编号		7-11	7-14
项　目		木柱	木梁
		圆木	方木
基价/元		29089.15	36279.63
其 中	人工费/元	9425.49	10062.52
	材料费/元	16545.28	22887.76
	机械使用费/元	—	—
	其他措施费/元	316.68	338.10
	安文费/元	688.30	734.87
	管理费/元	753.70	804.69
	利润/元	506.25	540.50
	规费/元	853.45	911.19

木柱：$1.055 \times 29089.15 (元) = 30689.05$ （元）

木梁：$1.5 \times 36279.63 (元) = 54419.44$ （元）

第 12 章　屋面及防水工程

12.1　屋面

屋顶是房屋最上层的水平围护结构，也是房屋的重要组成部分。屋顶由屋面、承重结构、保温（隔热）层和顶棚等部分组成。

1. 根据屋顶的外形和坡度划分

根据屋顶的外形和坡度的划分，屋顶可分为平屋顶、坡屋顶、曲面屋顶等，如图 12-1 所示。

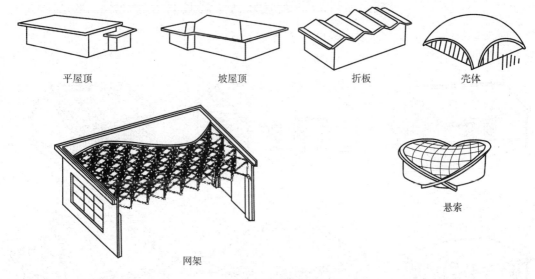

图 12-1　屋顶的分类

（1）平屋顶　平屋顶的屋面应采用防水性能好的材料，为了排水需要设置坡度，平屋顶的屋面坡度小于 10%，常用的坡度范围为 2%～5%，其一般构造是用现浇或预制的钢筋混凝土屋面板作为基层，上面铺设卷材防水层或其他类型防水层，平屋顶的构造如图 12-2 所示。

（2）坡屋顶　坡屋顶是常用的屋顶类型，屋面坡度大于 10%，有单坡、双坡、四坡和歇山等多种形式，单坡屋顶用于小跨度的房屋，双坡和四坡屋顶用于跨度较大的房屋。坡屋顶的屋面多以各种小块瓦为防水材料，所以坡度一般较大。如以波形瓦、镀锌铁皮等为屋面防水材料时，坡度可以较小。坡屋顶排水快，保温、隔热性能好，但是承重结构的自重较大，施工难度也较大，坡屋顶的形式如图 12-3 所示。

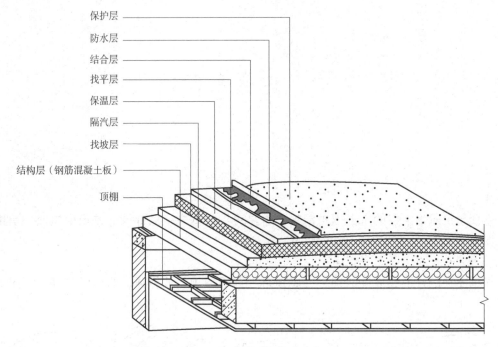

图 12-2 平屋顶的构造示意

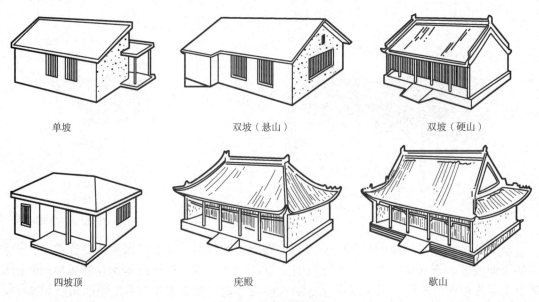

图 12-3 坡屋顶的形式

（3）曲面屋顶 曲面屋顶是由各种薄壳结构、悬索结构、拱结构和网架结构作为屋顶承重结构的屋顶，如双曲拱屋顶、球形网壳屋顶、扁壳屋顶、鞍形悬索屋顶等。这类结构的内力分布合理，能充分发挥材料的力学性能，因而能节约材料；但是，这类屋顶施工复杂，故常用于大体量的公共建筑。

2. 根据屋面防水材料划分

根据屋面防水材料不同，屋面可分为柔性防水屋面、刚性防水屋面、瓦屋面、波形瓦屋面、金属薄板屋面、粉剂防水屋面等。

3. 工程量计算规则

（1）清单工程量　瓦屋面的清单工程量计算规则同定额计算规则为：按设计图示尺寸以斜面积计算，不扣除房上烟囱、风帽底座、风道、小气窗、斜沟等所占面积。小气窗的出檐部分不增加面积。

（2）定额工程量　瓦屋面的定额工程量计算规则：各种屋面和型材屋面（包括挑檐部分）均按设计图示尺寸以面积计算（斜屋面按斜面面积计算），不扣除房上烟囱、风帽底座、风道、小气窗、斜沟和脊瓦等所占面积，小气窗的出檐部分也不增加面积。

【例 12-1】某仿古建筑屋顶形式为坡屋顶，屋面角度为 30°，屋面材料为普通黏土瓦，如图 12-4 所示，该建筑的平面示意图如图 12-5 所示，试求该仿古建筑屋面的工程量。

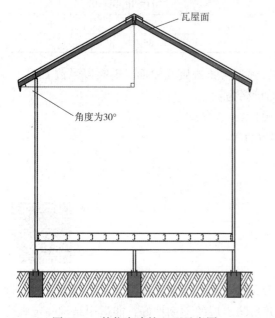

图 12-4　某仿古建筑立面示意图　　　图 12-5　某仿古建筑平面示意图

【解】（1）清单工程量

根据清单工程量计算规则可得：

$$L_{斜面} = 8.4 \div 2 \times \frac{2}{\sqrt{3}} = 4.85 \ （m）$$

$$S_{瓦屋面} = 4.85 \times 12.6 \times 2 = 122.22 \ （m^2）$$

【小贴士】式中：$\frac{2}{\sqrt{3}}$ 由三角函数得出；$8.4 \div 2$ 为该建筑一半的水平宽度；4.85×12.6 为该建筑一半坡屋顶的面积。

（2）定额工程量

定额工程量同清单工程量为 122.22m²。

（3）计价

套《河南省房屋建筑与装饰工程预算定额》中子目9-3普通黏土瓦、混凝土板上浆贴，见表12-1。

表12-1　普通黏土瓦、混凝土板上浆贴定额　　　　　　　　（单位：100m²）

定额编号		9-3
项目		普通黏土瓦、混凝土板上浆贴
基价/元		2668.78
其 中	人工费/元	744.72
	材料费/元	1479.19
	机械使用费/元	47.66
	其他措施费/元	32.19
	安文费/元	69.96
	管理费/元	117.16
	利润/元	91.15
	规费/元	86.75

由于25%＜坡度≤45%及人字形、锯齿形、弧形等不规则瓦屋面，需乘以系数1.3。

故坡度为30°的普通黏土瓦屋面每100m²的价格为：

$2668.78 + 744.72 \times 1.3(元) = 3636.916$（元）

总价为：$2892.196 \times 1.2222(元) = 4445.04$（元）

12.2　防水工程

12.2.1　卷材防水

1. 基本概念

使用胶结材料粘贴卷材进行防水的工程称为卷材防水，经常用在屋面、墙面等处。柔性卷材防水具有质量轻、防水性能好的优点，尤其是防水层的柔韧性好，能适用结构一定程度的振动和胀缩变形；其缺点是造价较高、易老化、起鼓，施工工序多，操作条件差，施工周期长，工效低，出现渗漏时修补较困难等。

2. 工程量计算规则

（1）清单工程量　屋面卷材防水的清单工程量计算规则：按设计图示尺寸以面积计算。

1）斜屋顶（不包括平屋顶找坡）按斜面积计算，平屋顶按水平投影面积计算。

2）不扣除房上烟囱、风帽底座、风道、屋面小气窗和斜沟所占面积。

3）屋面的女儿墙、伸缩缝和天窗等处的弯起部分，并入屋面工程量内。

（2）定额工程量　屋面卷材防水的定额工程量计算规则：按设计图示尺寸以面积计算（斜屋面按斜面积计算），不扣除房上烟囱、风帽底座、风道、屋面小气窗等所占面积，上翻部分也不另计算；屋面的女儿墙、伸缩缝和天窗等处的弯起部分，按设计图示尺寸计算；设计无规定时，伸缩缝、女儿墙、天窗的弯起部分按50mm计算，计入立面工程量内。

【例 12-2】 某建筑屋顶采用卷材防水进行防水施工，防水卷材为沥青玻璃纤维布，该建筑墙厚为 20mm，卷边高度为 25mm，屋面的平面示意图及三维图如图 12-6、图 12-7 所示，试计算卷材防水的工程量。

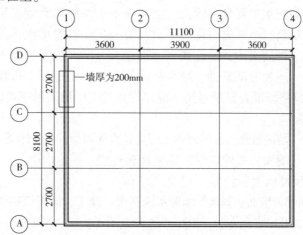

图 12-6 某建筑屋面平面示意图

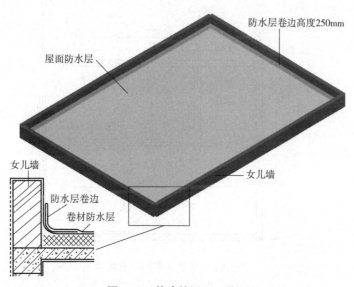

图 12-7 某建筑屋面三维图

【解】 （1）清单工程量

根据清单工程量计算规则可得：

$$S_{卷材防水} = (11.1 - 0.2) \times (8.1 - 0.2) + [(11.1 - 0.2) + (8.1 - 0.2)] \times 2 \times 0.25$$
$$= 86.11 + 9.4$$
$$= 95.51 (m^2)$$

【小贴士】 式中：$(11.1 - 0.2) \times (8.1 - 0.2)$ 为屋面防水层的面积；$[(11.1 - 0.2) + (8.1 - 0.2)] \times 2$ 为屋面的周长；0.25 为防水层卷边高度。

（2）定额工程量

定额工程量同清单工程量，为 $95.51 m^2$。

12.2.2 涂膜防水

1. 基本概念

涂膜防水工程是在屋面、墙面或地下室外墙面等基层表面涂刷一定厚度的防水涂料，经常温固化后形成具有一定坚韧性的整体涂膜，从而达到防水目的的一种防水形式。涂膜防水效果好，施工简单，施工速度快，大多采用冷施工，改善劳动条件、减少环境污染，特别适用于表面形状复杂的结构防水施工，易于修补、价格低廉；其缺点是涂膜厚度在施工中难以保持均匀一致。

2. 工程量计算规则

（1）清单工程量　墙面涂膜防水的清单工程量计算规则为：按设计图示尺寸以面积计算。

（2）定额工程量　墙面防水的定额工程量计算规则：不论内墙、外墙，墙的立面防水、防潮层均按设计图示尺寸以面积计算。

【例12-3】　某建筑物内墙面选择聚氨酯防水涂料进行施工，该建筑物的墙厚为24mm，层高为3.6m，平面示意图如图12-8所示，三维图如图12-9所示。M-1的尺寸为120mm×210mm，M-2的尺寸为150mm×210mm，M-3的尺寸为80mm×210mm，试计算墙面防水工程量。

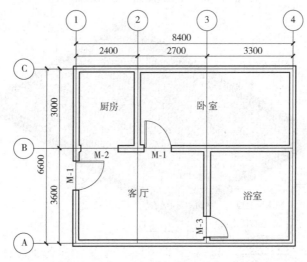

图 12-8　某建筑平面示意图

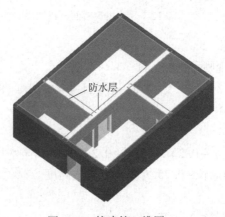

图 12-9　某建筑三维图

【解】（1）清单工程量

根据清单工程量计算规则可得：

$$S_{内墙面} = \left[(8.4 - 0.24 \times 2) \times 4 + (6.6 - 0.24 \times 2) \times 4 \right] \times 3.6$$
$$= (31.68 + 24.48) \times 3.6$$
$$= 202.18 (m^2)$$

$$S_{门} = 1.2 \times 2.1 \times 3 + 1.5 \times 2.1 \times 2 + 0.8 \times 2.1 \times 2$$
$$= 7.56 + 6.3 + 3.36$$
$$= 17.22 (m^2)$$

$$S_{内墙防水} = 202.18 - 17.22 m^2 = 184.96 (m^2)$$

【小贴士】式中：$(8.4 - 0.24 \times 2) \times 4$ 为横向防水层的总长度（未扣除门的尺寸）；$(6.6 - 0.24 \times 2) \times 4$ 为纵向防水层的总长度（未扣除门的尺寸）；3.6 为层高。

（2）定额工程量

定额工程量同清单工程量，为 184.96m²。

12.2.3　刚性防水

1. 基本概念

刚性防水是指利用刚性防水材料做防水层的防水工程。常见的刚性防水有水泥砂浆防水、细石混凝土防水和防水混凝土防水工程。与卷材及涂膜防水相比，刚性防水工程所用材料易得、价格低、耐久性能好、维修方便。但刚性防水层材料的抗拉强度低、极限拉应力小，易受到混凝土或砂浆的干湿变形、温度变形和结构变形的影响而产生裂缝。

防水砂浆和防水混凝土主要用于地下工程；刚性细石混凝土防水主要适用于防水等级为 Ⅱ 级的屋面防水，也可作 Ⅰ、Ⅱ 级屋面多道设防中的一道防水层。刚性防水不适用于设有松散保温层的屋面、大跨度和轻型屋盖的屋面以及有较大振动冲击的建筑。

2. 工程量计算规则

（1）清单工程量

1）墙面砂浆防水的清单工程量计算规则为：按设计图示尺寸以面积计算。

2）楼（地）面卷材防水（防潮）的清单工程量计算规则为：按设计图示尺寸以面积计算。

①楼（地）面防水：按主墙间净空面积计算，扣除凸出地面的构筑物、设备基础等所占面积，不扣除间壁墙及单个面积≤0.3m² 的柱、垛、烟囱和孔洞所占面积。

②楼（地）面防水翻边高度≤300mm 算作地面防水，翻边高度＞300mm 按墙面防水计算。

（2）定额工程量

1）墙面防水的定额工程量计算规则：不论内墙、外墙，墙的立面防水、防潮层均按设计图示尺寸以面积计算。

2）楼地面防水定额工程量计算规则：楼地面防水、防潮层按设计图示尺寸以主墙间净面积计算，扣除凸出地面的构筑物、设备基础等所占面积，不扣除间壁墙及单个面积≤0.3m² 的柱、垛、烟囱和孔洞所占面积。平面与立面交接处。翻边高度≤300mm 时，按展开面积并入平面工程量内计算，翻边高度＞300mm 时，按立面防水层计算。

【例 12-4】某建筑的地下室层高为 4m，墙厚为 370mm，轴线距左边墙的距离为 250mm，门的尺寸为 2000mm×250mm。地下室外墙拟采用防水砂浆进行防水施工，地面采用沥青卷材进行防水防潮处理，翻边高度为 250mm。该地下室的平面示意图如图 12-10 所示，三维图如图 12-11 所示，试计算该地下室墙面防水和地面防水的工程量。

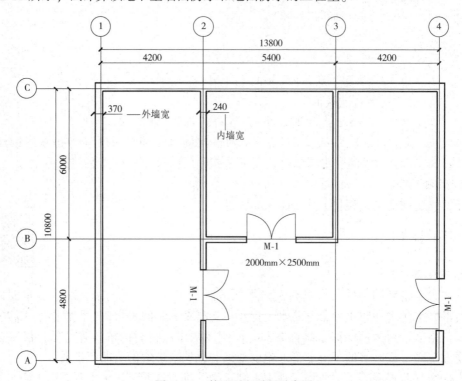

图 12-10　某地下室平面示意图

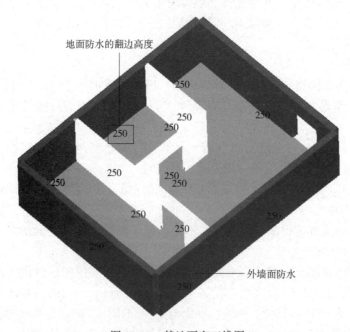

图 12-11　某地下室三维图

【解】（1）清单工程量

根据清单工程量计算规则可得：

$$S_{外墙面} = [(13.8 + 0.25 \times 2) \times 2 + (10.8 + 0.25 \times 2) \times 2] \times 4 - 2 \times 2.5$$
$$= (28.6 + 22.6) \times 4 - 5$$
$$= 199.8(m^2)$$

$$S_{地面} = (13.8 - 0.24) \times (10.8 - 0.24) - [(10.8 - 0.24) + (5.4 - 0.24) + 6]$$
$$\times 0.24 + 2 \times 0.24 \times 3$$
$$= 143.1936 - 5.2128 + 1.44$$
$$= 139.42(m^2)$$

【小贴士】式中：（13.8 + 0.25 × 2）、（10.8 + 0.25 × 2）为外墙的长度和宽度；2 × 2.5 为门所占面积；4 为层高；（13.8 − 0.24）×（10.8 − 0.24）为地下室净面积；[（10.8 − 0.24）+（5.4 − 0.24）+ 6]× 0.24 为墙体所占面积；2 × 0.24 为门洞口水平开口面积。

（2）定额工程量

定额工程量同清单工程量，外墙面防水的工程量为 184.8m^2，地面防水的工程量为 139.42m^2。

12.3　变形缝

1. 基本概念

当建筑物的长度过长、平面形式曲折变化，以及一幢建筑物不同部分的高度或荷载有较大差别时，建筑物会由于温度变化、地基不均匀沉降以及地震的影响，使结构内部产生附加应力和变形，如不采取措施或采取措施不当，会使建筑物产生裂缝甚至倒塌，影响使用与安全。为避免这种情况的发生，可以在设计时事先将结构断开，预留缝隙，将建筑物分成若干个独立的部分，形成能自由变形而互不影响的刚度单元，不受约束，自由变形，避免破坏。建筑物中这种预留的能够适应变形需要的缝隙称为变形缝。变形缝包括伸缩缝、沉降缝和防震缝，如图 12-12 所示。

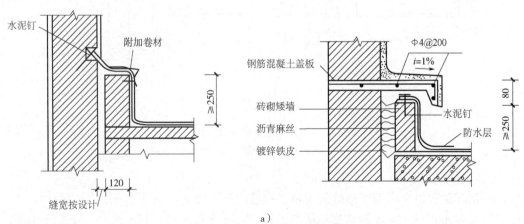

图 12-12　不同部位变形缝构造示意

a）不等高屋面

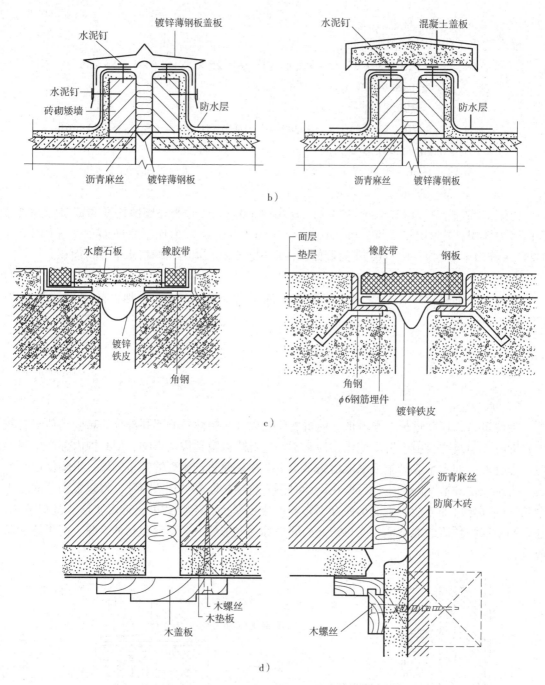

图 12-12 不同部位变形缝构造示意（续）

b）等高屋面 c）顶棚 d）地面

2. 工程量计算规则

（1）清单工程量 屋面变形缝的清单工程量计算规则为：按设计图示以长度计算。

（2）定额工程量 变形缝（嵌填缝与盖板）与止水带按设计图示尺寸，以长度计算。

【例 12-5】 某屋面伸缩缝内填沥青麻丝，外盖镀锌铁皮，该屋面的平面示意图如图 12-13 所示，三维图如图 12-14 所示，试计算屋面伸缩缝的工程量。

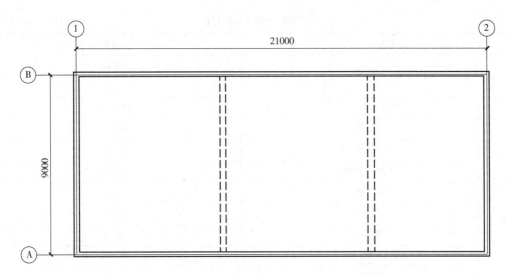

图 12-13　某屋面平面示意图

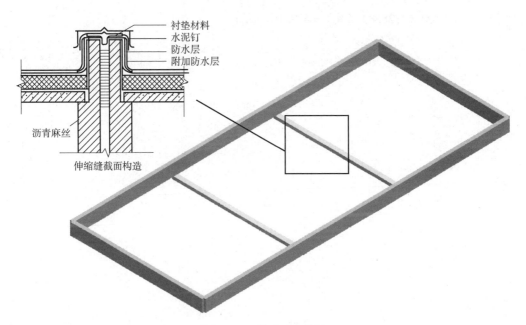

图 12-14　某屋面三维图

【解】（1）清单工程量

根据清单工程量计算规则可得：

$$L_{变形缝} = 9 \times 2 = 18 \text{（m）}$$

【小贴士】式中：9 为伸缩缝的长度；2 为伸缩缝的数量。

（2）定额工程量

定额工程量同清单工程量，为 18m。

（3）计价

套《河南省房屋建筑与装饰工程预算定额》中子目 9-134 油浸麻丝-平面，见表 12-2。

表 12-2　油浸麻丝定额　　　　　　　　　　（单位：100m）

定额编号	9-134
项　目	油浸麻丝
	平面
基价/元	2328.83
其中 — 人工费/元	892.96
材料费/元	966.65
机械使用费/元	16.82
其他措施费/元	36.66
安文费/元	79.68
管理费/元	133.44
利润/元	103.82
规费/元	98.80

计价：$18 \div 100 \times 2328.83$（元）$= 419.19$（元）

第13章　保温、隔热、防腐工程

13.1　保温、隔热

13.1.1　保温隔热屋面

1. 基本概念

我国的北方地区冬季寒冷，为使冬季房间内部的温度能够满足使用要求以及建筑节能的需要，应当在屋顶设置保温层，如图 13-1 所示。

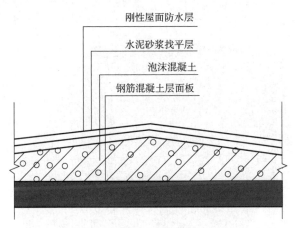

图 13-1　刚性上人保温屋面构造示意

2. 平屋顶和坡屋顶保温

平屋顶保温应当选择轻质、多孔、导热系数小的保温材料。根据保温材料的成品特点和施工工艺的不同，可以把保温材料分为散料、现场浇筑的拌合物和板块料三种。

坡屋顶保温层的做法与平屋顶相似，保温构造与平屋顶相差不多。保温层既可以设在屋顶结构层以上（俗称上弦保温），也可以设在结构层以下（俗称下弦保温）。

3. 工程量计算规则

（1）清单工程量　按设计图示尺寸以面积计算，扣除面积 >0.3m² 的孔洞及占位面积。

（2）定额工程量　定额工程量同清单工程量计算规则。

【例 13-1】某建筑物如图 13-2、图 13-3 所示，地面做 30mm 厚水玻璃砂浆面层，试求该工程水玻璃砂浆面层的工程量。

【解】（1）清单工程量

$$S = (6.5 - 0.24) \times (5 - 0.24) = 29.80 \quad (\text{m}^2)$$

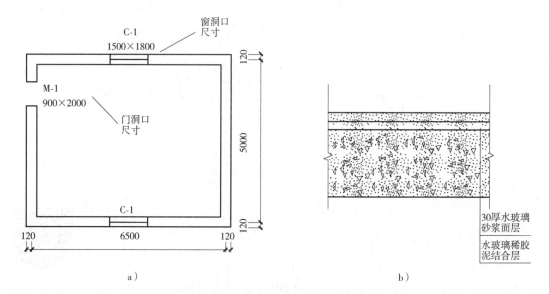

图 13-2 某建筑物平面示意图及水玻璃砂浆面层构造示意
a) 平面示意图 b) 水玻璃砂浆面层示意图

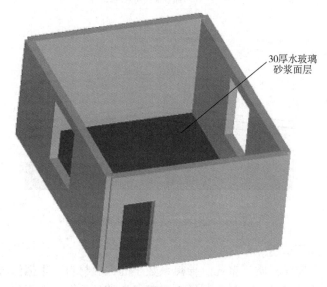

图 13-3 某建筑物三维图

（2）定额工程量

定额工程量与清单工程量相同为 29.8m²。

【小贴士】式中：0.24 表示墙厚。计算水玻璃砂浆面层的工程量是按墙线间的净面积，所以计算净面积时每边长要减去 0.24。（6.5 - 0.24）和（5 - 0.24）表示墙体内侧的净长度。（6.5 - 0.24）×（5 - 0.24）表示房间内墙体间的净面积。

13.1.2 保温隔热顶棚

1. 基本概念

指安装在建筑物（如门、窗）顶部用以遮挡阳光、雨、雪的覆盖物，材料有帆布、树脂、塑料、铝复合材料等。

2. 工程量计算规则

（1）清单工程量　按设计图示尺寸以面积计算。扣除面积 $>0.3m^2$ 的柱、垛、孔洞所占面积，与顶棚相连的梁按展开面积计算，并入顶棚工程量内。

（2）定额工程量　定额工程量同清单工程量计算规则。

【例 13-2】某建筑屋顶欲使用聚苯乙烯塑料板保温隔热，建筑顶棚如图 13-4、图 13-5 所示，试计算顶棚保温隔热的工程量并计价。

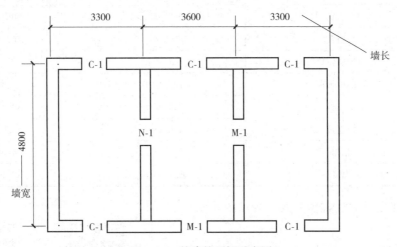

图 13-4　某建筑顶棚示意图

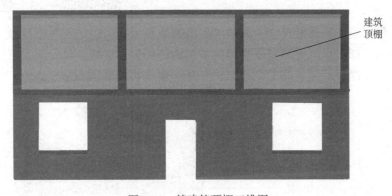

图 13-5　某建筑顶棚三维图

【解】（1）清单工程量

保温隔热顶棚工程量 $S = [(3.3 - 0.24) \times (4.8 - 0.24)] \times 2 + (4.8 - 0.24) \times (3.6 - 0.24)$

$$= 43.23 \ (m^2)$$

（2）定额工程量

定额工程量与清单工程量相同为 $43.23m^2$。

（3）计价

套《河南省房屋建筑与装饰工程预算定额》中子目10-51，见表 13-1。

表 13-1　顶棚定额　　　　　　　　　　　（单位：100m²）

定额编号	10-50	10-51
项　目	混凝土板下顶棚（带龙骨）	顶棚板面上铺放
	粘贴基苯乙烯板	聚苯乙烯板
	厚度（mm）	
	50	
基价/元	9149.01	2075.29
其中 人工费/元	2973.05	346.97
材料费/元	4738.77	1560.60
机械使用费/元	—	—
其他措施费/元	122.10	14.25
安文费/元	265.38	30.97
管理费/元	452.98	52.86
利润/元	267.68	31.24
规费/元	329.05	38.40

计价：43.23÷100×2075.29＝897.15（元）

13.1.3　保温隔热墙面

1. 基本概念

建筑外墙保温是一种非常科学、高效的保温节能技术，可以达到冬暖夏凉、节约能源的目的。具体说来，即将保温材料置于主体围护结构的外侧，这样一来，不仅可以达到保温隔热的目的，而且还能保护建筑物的主体结构，延长建筑物的使用寿命。如图 13-6 所示。

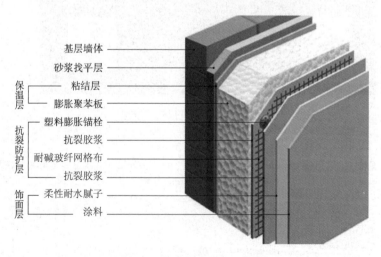

图 13-6　保温隔热墙面示意图

2. 工程量计算规则

按设计图示尺寸以面积计算。扣除门窗洞口以及面积＞0.3m² 的梁、孔洞所占面积；门窗洞口侧壁以及与墙相连的柱，并入保温墙体工程量内。

【例 13-3】某寒冷地区建造一平房，房屋外侧一周用保温隔热面砖装饰，房屋层高 3.3m，墙厚 240mm，如图 13-7 所示。M-1 尺寸为 1500mm×2100mm，M-2 尺寸为 900mm×1000m，C-1 尺寸为 1200mm×1500mm。三维图如图 13-8 所示，试计算保温隔热墙面工程量。

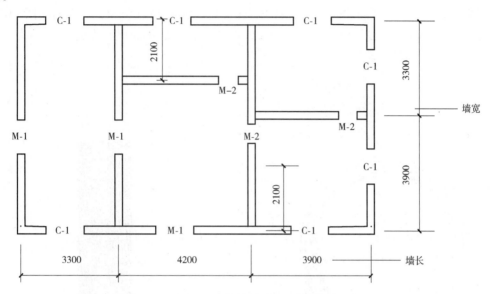

图 13-7 某平房平面示意图

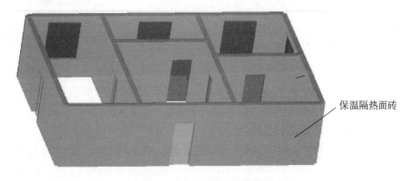

图 13-8 某平房三维示意图

【解】清单工程量计算规则：按设计图示尺寸以面积计算。

保温隔热墙面工程量 = (3.3 + 4.2 + 3.9 + 0.24) × (3.3 + 3.9 + 0.24) −
(1.5 × 2.1 × 3 + 0.9 × 1 × 3 + 1.2 × 1.5 × 7)
= 86.6 − 9.45 − 2.7 − 12.6 = 61.85(m²)

【小贴士】式中：(3.3 + 4.2 + 3.9 + 0.24) 为墙长，(3.3 + 3.9 + 0.24) 为墙宽。

13.1.4 保温柱、梁

(1) 清单工程量计算规则 按设计图示尺寸以面积计算。

1) 柱按设计图示柱断面保温层中心线展开长度乘以保温层高度以面积计

算，扣除面积 >0.3m² 的梁所占面积。

2）梁按设计图示梁断面保温层中心线展开长度乘以保温层长度以面积计算。

（2）定额工程量计算规则　柱、梁保温隔热层工程量按设计图示尺寸以面积计算。柱按设计图示柱断面保温层中心线展开长度乘以高度以面积计算，扣除面积 >0.3m² 的梁所占面积。梁按设计图示梁断面保温层中心线展开长度乘以保温层长度以面积计算。

【例 13-4】某圆柱欲加装聚苯乙烯泡沫板保温层，如图 13-9 所示，三维图如图 13-10 所示。圆柱半径 300mm，找平层 20mm，柱高 3300mm，试计算保温层工程量。

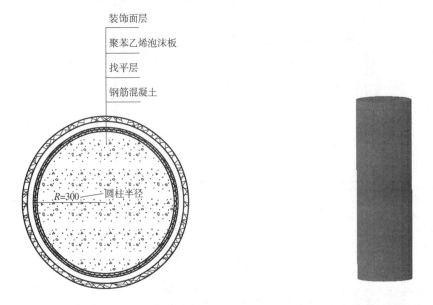

图 13-9　保温圆柱示意图　　　　　图 13-10　保温圆柱三维图

【解】（1）清单工程量

保温圆柱工程量 $S = 2 \times (0.3 + 0.02) \times 3.14 \times 3.3 = 6.63 (\text{m}^2)$

（2）定额工程量

定额工程量和清单工程量相同为 6.63m²。

【小贴士】式中：因聚苯乙烯泡沫板下有找平层，所以聚苯乙烯泡沫板的半径为 0.3 + 0.02。

13.2　防腐面层

13.2.1　防腐混凝土面层

清单工程量计算规则：按设计图示尺寸以面积计算。

（1）平面防腐　扣除凸出地面的构筑物、设备基础以及面积 >0.3m² 的孔洞、柱、垛等所占面积，门洞、空圈、暖气包槽、壁龛的开口部分不增加面积。

（2）立面防腐　扣除门、窗、洞口以及面积 >0.3m² 的孔洞、梁所占面积，门、窗、洞口侧壁、垛突出部分按展开面积并入墙面积内。

170

【例 13-5】 某梯形台如图 13-11、图 13-12 所示，试计算其表面防腐混凝土面层工程量。

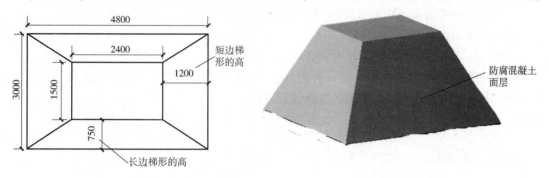

图 13-11　某梯形台平面示意图　　　　　图 13-12　某梯形台三维图

【解】（1）清单工程量

防腐混凝土面层 $S = (3 + 1.5) \times 1.2 \times 0.5 \times 2 + (4.8 + 2.4) \times$
$$0.75 \times 0.5 \times 2 + 2.4 \times 1.5 = 14.4 (\text{m}^2)$$

（2）定额工程量

定额工程量和清单工程量相同为 14.4m^2。

【小贴士】式中：$[(3 + 1.5) \times 1.2 \times 0.5 \times 2]$ 是梯形两个短边侧面面积。$[(4.8 + 2.4) \times 0.75 \times 0.5 \times 2]$ 为梯形两个长边侧面面积。

13.2.2　防腐砂浆面层

工程量计算规则：清单工程量计算规则同"13.2.1 防腐混凝土面层"。

【例 13-6】 某台阶整体面层示意图和三维图如图 13-13、图 13-14 所示，台阶每层高 150mm，试计算面层工程量。

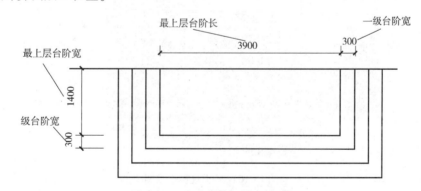

图 13-13　台阶整体面层示意图

图 13-14　台阶整体面层三维图

【解】 (1) 清单工程量

防腐砂浆面层工程量 $S = (3.9 + 0.3 \times 3) \times (1.4 + 0.3 \times 3) = 11.04$ （m^2）

(2) 定额工程量

定额工程量和清单工程量相同为 $11.04 m^2$。

【例13-7】 某建筑如图13-15所示，地面做30mm厚水玻璃砂浆面层，三维图如图13-16所示，试求该工程水玻璃砂浆面层的工程量并计价。

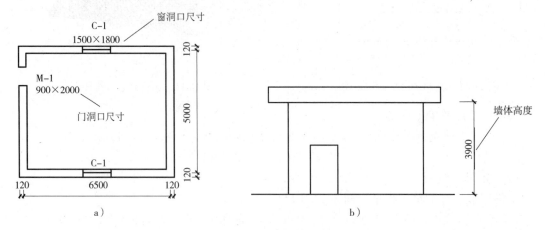

图 13-15 某建筑物示意图

a) 平面图 b) 立面图

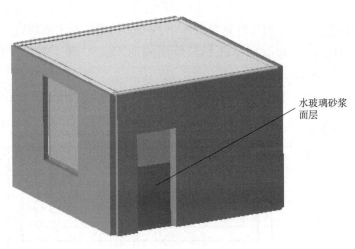

图 13-16 某建筑物三维图

【解】 (1) 清单工程量

根据工程量计算规则可得：

$$S = [(6.5 - 0.12 \times 2) + (5 - 0.12 \times 2)] \times 2 \times 3.9 - (1.5 \times 1.8 \times 2 + 0.9 \times 2)$$
$$= 78.76 (m^2)$$

(2) 定额工程量

定额工程量与清单工程量相同为 $78.76 m^2$。

【小贴士】 式中：$[(6.5 - 0.12 \times 2) + (5 - 0.12 \times 2)] \times 2 \times 3.9$ 为墙体的总面积，3.9

为墙体高度，1.5×1.8×2 为窗户总面积，0.9×2 为门的总面积。

（3）计价

套《河南省房屋建筑与装饰工程预算定额》中子目10-113 见表13-2。

表 13-2 防腐混凝土定额　　　　　　　　　　　（单位：100m²）

定额编号	10-112	10-113	10-114	10-115
项　　目	水玻璃耐酸砂浆		耐酸沥青砂浆	
	厚度（mm）			
	20	每增减 5	30	每增减 5
基价/元	10278.06	1735.95	9031.95	1278.97
其中 人工费/元	3085.28	332.13	2023.55	319.46
材料费/元	5629.12	1225.03	5681.11	749.32
机械使用费/元	51.81	12.91	317.96	50.43
其他措施费/元	128.44	14.09	85.75	13.57
安文费/元	279.16	30.63	186.37	29.50
管理费/元	476.51	52.28	318.13	50.35
利润/元	281.59	30.90	187.99	29.76
规费/元	346.15	37.98	231.09	36.58

计价：78.76 ÷ 100 × 1735.95 = 1367.23（元）

13.2.3 块料防腐

工程量计算规则：清单工程量计算规则同"13.2.1 防腐混凝土面层"。

【例 13-8】某房屋外侧采用块料防腐面层，如图 13-17 所示，其中 M-1 尺寸为 900mm × 2000m；M-2 尺寸为 1500mm × 2100mm；C-1 尺寸为 900mm × 1500mm；C-2 尺寸为 1200mm × 1500mm。三维图如图 13-18 所示，墙厚 240mm，高 3300mm，试计算其块料防腐面层工程量。

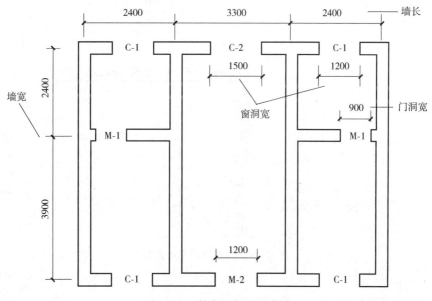

图 13-17 某房屋平面示意图

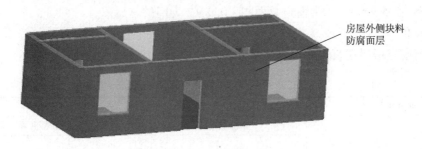

房屋外侧块料
防腐面层

图 13-18　某房屋三维图

【解】（1）清单工程量

块料防腐面层工程量 $S = (2.4 + 3.9 + 0.24) \times 3.3 \times 2 + (2.4 + 3.3 + 2.4 + 0.24) \times$
$$3.3 \times 2 - (1.5 \times 2.1) - (0.9 \times 1.5 \times 4 + 1.2 \times 1.5)$$
$$= 43.16 + 55.04 - 3.15 - 7.2$$
$$= 87.85 (\text{m}^2)$$

（2）定额工程量

定额工程量与清单工程量相同为 87.85m²。

13.3　其他防腐

13.3.1　隔离层

1. 基本概念

隔离层，是指为了阻止气体、液体或固体污染物从其发生地向周围环境扩散而采取的一系列隔离措施。如使用盖帽、修建围堵墙等。隔离层构造如图 13-19 所示。

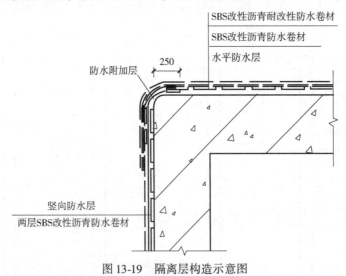

SBS改性沥青耐改性防水卷材

SBS改性沥青防水卷材

水平防水层

防水附加层

250

竖向防水层

两层SBS改性沥青防水卷材

图 13-19　隔离层构造示意图

2. 工程量计算规则

清单工程量计算规则同 "13.2.1 防腐混凝土面层"。

【例 13-9】 某平房屋顶平面示意和构造示意如图 13-20 所示，三维图如图 13-21 所示，采用隔离层拒水粉隔水，试计算隔离层工程量。

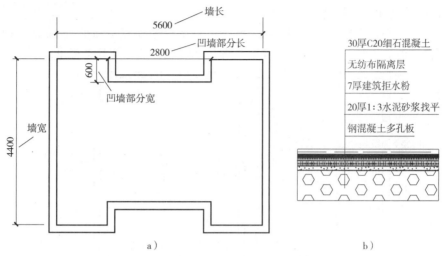

图 13-20　某平房屋顶平面示意和构造示意图
a）平面示意　b）构造示意

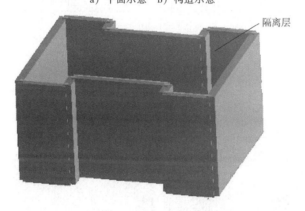

图 13-21　某平房三维图

【解】 清单工程量：

隔离层工程量 $S = 4.4 \times 5.6 - 0.6 \times 2.8 \times 2$
$= 24.6 - 3.36$
$= 21.24$（m^2）

13.3.2　砌筑沥青浸渍砖

1. 基本概念

砌筑沥青浸渍砖是指放到沥青液中浸渍过的砖。属于防腐蚀建筑块材，如图 13-22 所示。其浸渍用砖宜采用 75 号粘土砖；浸渍用沥青的标号，当使用温度小于 30℃ 时，采用 60 号，30~40℃ 时，

图 13-22　砌筑沥青浸渍砖

采用 30 号；浸渍深度不应小于 15mm。

2. 工程量计算规则

按设计图示尺寸以体积计算。

【例 13-10】 某房屋平面图如图 13-23 所示，采用耐酸沥青浸渍砖（240mm × 115mm × 53mm）铺设地面，三维图如图 13-24 所示，墙厚 200mm，试计算其工程量。

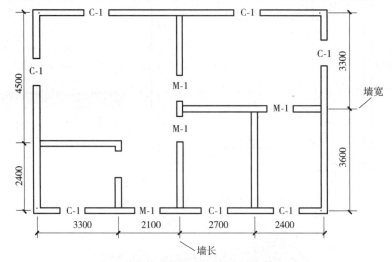

图 13-23 某房屋平面示意图

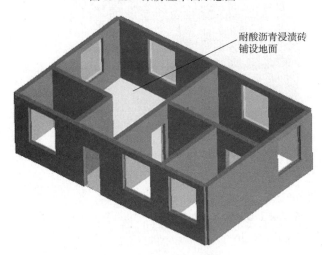

图 13-24 某房屋三维图

【解】 清单工程量计算规则：按设计图示尺寸以体积计算。

$$S = [(4.5 + 2.4 - 0.2) \times (3.3 + 2.1 - 0.2) - (3.3 - 0.2) \times 0.2 - (2.4 - 0.2) \times 0.2 +$$
$$(2.7 - 0.2) \times (3.6 - 0.2) + (2.4 - 0.2) \times (3.6 - 0.2) + (2.7 + 2.4 - 0.2) \times (3.3 -$$
$$0.2)] \times 0.053$$
$$= (34.84 - 0.62 - 0.44 + 8.5 + 7.48 + 15.19) \times 0.053$$
$$= 3.44 (m^3)$$

【小贴士】 式中：$[(3.3 - 0.2) \times 0.2 - (2.4 - 0.2) \times 0.2]$ 为左下角室内墙占地面积。

第 14 章　建设工程工程量清单与定额计价

14.1　工程量清单计价概述

14.1.1　工程量清单计价的概念及适用范围

1. 基本概念

工程量清单计价是指由投标人按照招标人提供的工程量清单，逐一填报单价，并计算出建设项目所需的全部费用，主要包括分部分项工程费、措施项目费、其他项目费、规费和税金等。工程量清单计价应采用"综合单价"计价。综合单价是指完成规定计量单位分项工程所需的人工费、材料费、施工机械使用费、管理费、利润，并考虑了风险因素的一种单价。

2. 适用范围

《建设工程工程量清单计价规范》（GB 50500—2013）适用于建设工程发承包及实施阶段的计价活动。使用国有资金投资的建设工程发承包，必须采用工程量清单计价。国有资金投资为主的工程建设项目是指国有资金占投资总额 50% 以上，或虽不足 50% 但国有投资实质上拥有控股权的工程建设项目。非国有资金投资的建设工程宜采用工程量清单计价。

14.1.2　工程量清单计价的基本原理

工程量清单计价的基本原理是以招标人提供的工程量清单为平台，投标人根据自身的技术、财务、管理能力进行投标报价，招标人根据具体的评标细则进行优选，这种计价方式是市场定价体系的具体表现形式。

通常，工程量清单计价的基本过程可以描述为，在统一工程量计算规则的基础上，制定工程量清单项目设置规则，根据具体工程的施工图计算出各个清单项目的工程量，再根据各种渠道所获得的工程造价信息和经验数据计算得到工程造价。工程量清单计价的基本过程如图 14-1 所示。

从工程量清单计价过程示意图可以看出，其编制过程通常可以分为两个阶段：工程量清单格式的编制和利用工程量清单来编制投标报价。投标报价是在业主提供的工程量计算结果的基础上，根据企业自身所掌握的各种信息、资料，结合企业定额编制。

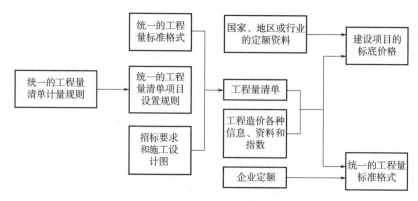

图 14-1   工程量清单计价过程示意图

14.2   工程量清单及编制

14.2.1   工程量清单计价规范的内容

建设工程工程量清单计价规范包括正文和附录两大部分，二者具有同等效力。

正文共分五大部分，包括总则、术语、工程量清单编制、工程量清单计价、工程量清单计价表格等内容。

1. 总则

总则共有 8 条，主要阐述了制定本规范的目的、依据，本规范的适用范围，工程量清单计价活动中应遵循的基本原则，执行本规范与执行其他标准之间的关系和附录适用的工程范围等。

2. 术语

术语是对本规范特有术语给予的定义，以尽可能避免本规范在贯彻实施过程中由于不同理解造成的争议，本规范术语共计 23 条。

3. 工程量清单编制

工程量清单编制主要介绍了工程量清单的组成，包括分部分项工程量清单、措施项目清单、其他项目清单、规费项目清单、税金项目清单。工程量清单是工程量清单计价的基础，应作为编制招标控制价、投标报价、计算工程量、支付工程款、调整合同价款、办理竣工结算以及工程索赔的依据之一。编制工程量清单时必须根据本规范的规定进行编制。

4. 工程量清单计价

工程量清单计价共有 9 节 72 条，是《建设工程工程量清单计价规范》（GB 50500—2013）的主要内容。它规定了工程量清单计价从招标控制价的编制、投标报价、合同价款约定、工程计量与价款支付、索赔与现场签证、工程价款调整到工程竣工结算及工程造价争议处理等全部内容。

5. 工程量清单计价表格

统一了工程量清单计价表格的格式，包括封面、总说明、汇总表、分部分项工程量清单表、措施项目清单表、其他项目清单表、规费和税金项目清单计价表、工程款支付申请

（核准）表等，共计 4 种封面 22 种表样，完善了从工程量清单、招标控制价、投标报价、竣工结算等各个阶段计价使用的表格，从而大大增加了本规范的实用价值。

14.2.2　工程量清单的编制

工程量清单的编制专业性强，内容复杂，对编制人的业务技术水平要求高。能否编制出完整、严谨的工程量清单，直接影响招标的质量，也是招标成败的关键。

1. 工程量清单格式及清单编制的规定

工程量清单应由分部分项工程量清单、措施项目清单、其他项目清单、规费项目清单、税金项目清单组成。

（1）工程量清单是招标人要求投标人完成的工程项目及相应工程数量，全面反映了投标报价要求，是投标人进行报价的依据，工程量清单应是招标文件不可分割的一部分，必须由具有编制招标文件能力的招标人或受其委托具有相应资质的中介机构编制。

（2）工程量清单反映拟建工程的全部工程内容，由分部分项工程量清单、措施项目清单、其他项目清单组成。

（3）编制分部分项工程量清单时，项目编码、项目名称、项目特征、计量单位和工程量计算规则等严格按照国家制定的计价规范中的附录做到统一，不能任意修改和变更。其中项目编码的第 10 至 12 位可由招标人自行设置。

（4）措施项目清单及其他项目清单应根据拟建工程具体情况确定。

2. 工程量清单编制依据和编制程序

（1）工程量清单编制依据　工程量清单的内容体现了招标人要求投标人完成的工程项目、工程内容及相应的工程数量。编制工程量清单应依据：

1）建设工程工程量清单计价规范。

2）国家或省级、行业建设主管部门颁发的计价依据和办法。

3）建设工程设计文件。

4）与建设工程项目有关的标准、规范、技术资料。

5）招标文件及其补充通知、答疑纪要。

6）施工现场情况、工程特点及常规施工方案。

7）其他相关资料。

（2）工程量清单编制程序　工程量清单编制的程序如下：

1）熟悉施工图和招标文件。

2）了解施工现场的有关情况。

3）划分项目、确定分部分项清单项目名称、编码（主体项目）。

4）确定分部分项清单项目的项目特征。

5）计算分部分项清单主体项目工程量。

6）编制清单（分部分项工程量清单、措施项目清单、其他项目清单）。

7）复核、编写总说明。

8）装订。

3. 分部分项工程量清单的编制

分部分项工程量清单应包括项目编码、项目名称、项目特征、计量单位和工程量。分部分项工程量清单应根据附录规定的项目编码、项目名称、项目特征、计量单位和工程量计算规则进行编制。

（1）项目编码　分部分项工程量清单的项目编码，应采用12位阿拉伯数字表示。1～9位应按附录的规定设置，10～12位应根据拟建工程的工程量清单项目名称设置。同一招标工程的项目编码不得有重码。各级编码代表的含义如图14-2所示。

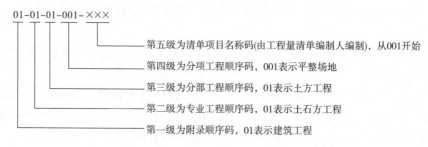

图14-2　各级编码代表的含义

（2）项目名称　分部分项工程量清单的项目名称应按附录的项目名称结合拟建工程的实际确定。

项目名称应以工程实体命名。这里所指的工程实体，有些是可用适当的计量单位计算的简单完整的施工过程的分部分项工程，也有些是分部分项工程的组合。

（3）工程量　分部分项工程量清单中所列工程量应按附录中规定的工程量计算规则计算。

工程数量的计算主要通过工程量计算规则计算得到。工程量计算规则是指对清单项目工程量的计算规定。除另有说明外，所有清单项目的工程量应以实体工程量为准，并以完成后的净值计算；投标人投标报价时，应在单价中考虑施工中的各种损耗和需要增加的工程量。工程量的计算规则按主要专业划分，包括建筑工程、装饰装修工程、安装工程、市政工程和园林绿化工程5个专业部分。

（4）计量单位　分部分项工程量清单的计量单位应按附录中规定的计量单位确定。工程数量应遵守下列规定：

1）以"吨""公里"为单位，应保留小数点后3位数字，第四位四舍五入。

2）以"立方米""平方米""米"为单位，应保留小数点后两位数字，第三位四舍五入。

3）以"个""项""副""套"等为单位，应取整数。

当计量单位有两个或两个以上时，应根据所编工程量清单项目的特征要求，选择最适宜表现该项目特征并方便计量的单位。如门窗工程的计量单位有"樘"和"m^2"两个计量单位，实际工作中，应选择最适宜、最方便计量的单位来表示。

（5）项目特征　项目特征是指构成分部分项工程量清单项目、措施项目自身价值的本质特征。项目特征的表述按拟建工程的实际要求，以能满足确定综合单价的需要为前提。在编制工程量清单时，应根据计价规范附录中有关项目特征的要求，结合技术规范、标准图集、施工图，按照工程结构、使用材质及规格或安装位置等予以详细而准确地表述和说明。在进行项目特征描述时，应掌握以下要点：

1）必须描述的内容。涉及正确计量的内容必须描述；涉及结构要求的内容必须描述；

涉及材质要求的内容必须描述；涉及安装方式的内容必须描述。

2）可不描述的内容。对计量计价没有实质影响的内容可以不描述；应由投标人根据施工方案确定的可以不描述；应由投标人根据当地材料和施工要求确定的可以不描述；应由施工措施解决的可以不描述。

3）可不详细描述的内容。无法准确描述的可不详细描述，如土壤类别由投标人根据地勘资料自行确定土壤类别，决定报价。施工图、标准图集标注明确的，可不再详细描述，对这些项目可描述为"见××图集××页号及节点大样"等。还有一些项目可不详细描述，如土方工程中的"取土运距""弃土运距"等，但应注明由投标人自定。

（6）补充项目　随着科学技术日新月异地发展，工程建设中新材料、新技术、新工艺不断涌现，附录所列的工程量清单项目不可能包罗万象，更不可能包含随科技发展而出现的新项目。在实际编制工程量清单时，当出现清单计价规范附录中未包括的清单项目时，编制人应作补充。

补充项目的编码由附录的顺序码与B和3位阿拉伯数字组成，并应从×B001起顺序编制，同一招标工程的项目不得重码。工程量清单中需附有补充项目的名称、项目特征、计量单位、工程量计算规则、工程内容。

编制补充项目时应注意以下3个方面：

1）补充项目的编码必须按本规范的规定进行。即由附录的顺序码（A、B、C、D、E、F）与B和3位阿拉伯数字组成。

2）在工程量清单中应附补充项目的项目名称、项目特征、计量单位、工程量计算规则和工作内容。

3）将编制的补充项目报省级或行业工程造价管理机构备案，补充工程量清单项目及计算规则见表14-1。

表14-1　补充工程量清单项目及计算规则

项目编码	项目名称	项目特征	计量单位	工程量计算规则	工程内容
AB001	现浇钢筋混凝土平板模板及支架	（1）构件形状 （2）支模高度	m²	按与混凝土的接触面积计算，不扣除面积≤0.1m²的孔洞所占面积	（1）模板安装、拆除 （2）清理模板粘结物及模内杂物，刷隔离剂 （3）整理堆放及场内、外运输

4. 措施项目清单的编制

措施项目是指为完成工程项目施工，发生于该工程施工准备和施工过程中的技术、生活、安全、环境保护等方面的非工程实体项目。措施项目清单应根据拟建工程的实际情况列项。"通用措施项目"是指各专业工程的"措施项目清单"中均可列的措施项目，可按表14-2选择列项。

表14-2　通用措施项目

序号	项目名称
1	安全文明施工（含环境保护、文明施工、安全施工、临时设施）

（续）

序号	项目名称
2	夜间施工
3	二次搬运
4	冬雨季施工
5	大型机械设备进出场及安拆
6	施工排水
7	施工降水
8	地上、地下设施，建筑物的临时保护设施
9	已完工程及设备保护

各专业工程的专用措施项目应按附录中各专业工程中的措施项目并根据工程实际进行选择列项。如混凝土、钢筋混凝土模板及支架与脚手架分别列于附录 A 等专业工程中。同时，当出现规范未列的措施项目时，可根据工程实际情况进行补充。

5. 其他项目清单的编制

其他项目清单是指分部分项清单项目和措施项目以外，该工程项目施工中可能发生的其他费用项目和相应数量的清单。其他项目清单宜按照暂列金额、暂估价（包括材料暂估价、专业工程暂估价）、计日工、总承包服务费四项内容来列项。由于工程建设标准的高低、工程的复杂程度、工程的工期长短、工程的组成内容、发包人对工程管理要求等都直接影响其他项目清单的具体内容，以上内容作为列项参考，其不足部分，编制人可根据工程的具体情况进行补充。

6. 规费项目清单的编制

规费是指根据省级政府或省级有关权力部门规定必须缴纳的，应计入建筑安装工程造价的费用。规费项目清单应按照工程排污费、工程定额测定费、社会保障费（包括养老保险费、失业保险费、医疗保险费）、住房公积金、危险作业意外伤害保险等内容列项。若出现上述未列的项目，应根据省级政府或省级有关权力部门的规定列项。

规费作为政府和有关权力部门规定必须缴纳的费用，政府和有关权力部门可根据形势发展的需要，对规费项目进行调整。因此，对《建筑安装工程费用项目组成》未包括的规费项目，在计算规费时应根据省级政府和省级有关权力部门的规定进行补充。

7. 税金项目清单的编制

税金是指国家税法规定的应计入建筑安装工程造价内的营业税、城市维护建设税及教育费附加等。税金项目清单应包括营业税、城市维护建设税、教育费附加 3 项内容。如国家税法发生变化或地方政府及税务部门依据职权对税种进行了调整，应对税金项目清单进行相应调整。

规费和税金应按国家或省级、行业建设主管部门的规定计算，不得作为竞争性费用。

14.2.3　工程量清单计价的含义及特点

1. 工程量清单

工程量清单是拟建工程的分部分项工程项目、措施项目、其他项目名称及其相应工程数量的明细清单。

2. 工程量清单计价

工程量清单计价是指投标人完成招标人提供的工程量清单所需的全部费用，包括分部分项工程费、措施项目费、其他项目费、规费和税金。

3. 工程量清单计价方法

工程量清单计价方法是指建设工程招标投标中，招标人按照国家统一规定的工程量计算规则提供工程数量，由投标人依据工程量清单自主报价，并按照经评审低价中标的工程造价的计价方法。

4. 工程量清单计价特点

（1）统一计价规则　工程清单计价体系有统一的建设工程工程量清单计价办法、计量规则、清单项目设置规则。

（2）有效控制工、料、机消耗量　通过由政府发布统一的社会平均消耗量指导标准，为企业提供一个社会平均尺度，避免企业盲目或随意大幅度减少或扩大消耗量，从而达到保证工程质量的目的。

（3）充分体现市场经济的供求关系　将工程消耗量定额中的工、料、机价格和利润和管理费全面放开，由市场的供求关系自行确定价格。

（4）企业自主报价　投标施工企业根据自身技术专长、材料采购渠道和管理水平等，制订企业自己的报价定额，自主报价，充分反映企业的完全定价权。

14.2.4　工程量清单计价的编制程序

1. 复核清单工程量

投标人依据工程量清单进行组价时，把施工方案及施工工艺造成的工程量增减以价格的形式包含在综合单价中，选择施工方法、安排人力和机械、准备材料必须考虑工程量的多少，因此一定要复核工程量。

2. 确定分部分项工程费

分部分项工程费的确定是通过分部分项工程量乘以清单项目综合单价确定的。综合单价确定的主要依据是项目特征，投标人要根据招标文件中工程量清单的项目特征描述确定清单项目综合单价。

实行工程量清单招标，招标人在招标文件中提供工程量清单，其目的是使各投标人在投标报价中具有共同的竞争平台。因此，投标人在投标报价中填写的工程量清单的项目编码、项目名称、项目特征、计量单位、工程数量必须与招标人招标文件中提供的一致。为避免出现差错，投标人最好按招标人提供的分部分项工程量清单与计价表直接填写综合单价。

投标人投标报价时应依据招标文件中分部分项工程量清单项目的特征描述来确定综合单价，当出现招标文件中分部分项工程量清单特征描述与设计图不符时，投标人应以分部分项工程量清单的项目特征描述为准。招标文件中要求投标人承担的风险费用，投标人应考虑计入综合单价。招标文件中提供了暂估单价的材料，按暂估的单价计入综合单价，填入表内"暂估单价"栏及"暂估合价"栏。

分部分项工程费应按招标文件中分部分项工程量清单项目的特征描述，确定综合单价进行计算。

3. 确定措施项目费

由于各投标人拥有的施工装备、技术水平和采用的施工方法有所差异，招标人提出的措施项目清单是根据一般情况确定的，没有考虑不同投标人的"个性"，投标人投标时应根据自身编制的施工组织设计（或施工方案）确定措施项目，并对招标人提供的措施项目进行调整。措施项目费应根据招标文件中的措施项目清单及投标时拟定的施工组织设计或施工方案自主确定。投标人根据投标施工组织设计（或施工方案）调整和确定的措施项目应通过评标委员会的评审。

4. 确定其他项目费

其他项目费应按下列规定报价：

（1）暂列金额应按照其他项目清单中列出的金额填写，不得变动。

（2）暂估价不得变动和更改。暂估价中的材料必须按照暂估单价计入综合单价；专业工程暂估价必须按照其他项目清单中列出的金额填写。

（3）计日工应按照其他项目清单列出的项目和估算的数量，自主确定各项综合单价并计算费用。

（4）总承包服务费应依据招标人在招标文件中列出的分包专业工程内容和供应材料、设备情况，按照招标人提出的协调、配合与服务要求和施工现场管理需要自主确定。

5. 确定规费和税金

规费和税金的计取标准是依据有关法律、法规和政策规定制定的，具有强制性。投标人是法律、法规和政策的执行者，不能改变，更不能制定，而必须按照法律、法规、政策的有关规定执行。因此，投标人在投标报价时必须按照国家或省级、行业建设主管部门的有关规定计算规费和税金。

6. 确定分包工程费

分包工程费是投标价格的重要组成部分，在编制投标报价时，需熟悉分包工程的范围，确定分包工程费用。

7. 确定投标报价

分部分项工程费、措施项目费、其他项目费和规费、税金汇总后就可以得到工程的总价，但并不意味着这个价格就可以作为投标报价，需要结合市场情况、企业的投标策略对总价做调整，最后确定投标报价。

8. 投标报价的主要表格格式

（1）投标总价封面，由投标人按规定的内容填写、签字、盖章。

（2）投标总价扉页，由投标人按规定的内容填写、签字、盖章。

（3）投标报价总说明。

（4）建设项目投标报价汇总表。

（5）单项工程投标标价汇总表。

（6）综合单价分析表。

（7）暂列金额明细表。

（8）总承包服务费计价表。

（9）规费、税金项目计价表。

14.3　工程量清单计价的应用

14.3.1　招标控制价

1. 工程量清单招标控制价

工程量招标控制价也称拦标价，是指招标人根据国家或省级、行业建设主管部门颁发的有关计价依据和办法，按设计施工图计算，在招标过程中向投标人公示的工程项目总价格的最高限额，也是招标人期望价格的最高标准，要求投标人投标报价不得超过它，否则视为废标。在国有资金投资的工程进行招标时，根据《中华人民共和国招标投标法》第二十二条二款的规定："招标人设有标底的，标底必须保密"。但实行工程量清单招标后，由于招标方式的改变，标底保密这一法律规定已不能起到有效遏制哄抬标价的作用。因此，为有利于客观、合理地评审投标报价和避免哄抬标价，造成国有资产流失，招标人应编制招标控制价，作为招标人能够接受的最高交易价格。招标控制价体现了招标人的主观意愿，明确表达了招标人对建筑产品的品质要求及其经济承受能力。

2. 编制招标控制价的原则

为使招标控制价能够实现编制的根本目的，能够起到真实反映市场价格机制的作用，从根本上真正保护招标人的利益，在编制的过程中应遵循以下几个原则：①社会平均水平原则；②诚实信用原则；③公平公正公开原则。

3. 建筑工程招标控制价的编制

（1）招标控制价与标底的关系

1）设标底招标：易发生泄露标底的情况，从而失去招标的公平公正性。将标底作为衡量投标人报价的基准，容易导致投标人尽力地去迎合标底，往往招标投标过程反映的不是投标人真正实力的竞争。

2）无标底招标：有可能出现哄抬价格或者不合理的底价招标的情况。评标时，招标人对投标人的报价也没有参考依据和评判标准。

3）招标控制价招标：

①采用招标控制价招标可有效控制投资，提高了招标的透明度。在投标过程中投标人可以自主报价，既设置了控制上限，又尽量地减少了业主依赖评标基准价的影响。

②采用招标控制价招标也可能出现如下问题：若"最高限价"大大高于市场平均价时可能诱导投标人串标围标；若公布的最高限价远远低于市场平均价，则会影响招标效率。

（2）编制招标控制价的规定

1）投标人的投标报价若超过招标控制价，其投标作为废标处理。

2）工程造价咨询人不得同时接受招标人和投标人对同一工程的招标控制价和投标报价的编制。

3）招标控制价应在招标文件中公布，且在公布招标控制价时，除公布招标控制价的总价外，还应公布各单位工程的分部分项工程费、措施项目费、其他项目费、规费和税金。

4）投标人经复核认为招标人公布的招标控制价未按规定进行编制的，应在招标控制价公布后 5 天内向招标投标监督机构和工程造价管理机构投诉。工程造价管理机构受理投诉后，应立即对招标控制价进行复查，组织投诉人、被投诉人或其委托的招标控制价编制人等单位人员对投诉问题逐一核对。当复查结论与原公布的招标控制价误差 > ±3% 时，应责令招标人改正。

4. 招标控制价的编制内容

招标控制价的编制内容包括分部分项工程费、措施项目费、其他项目费、规费和税金，各个部分有不同的计价要求。

（1）为使招标控制价与投标报价所包含的内容一致，综合单价中应包括招标文件中要求投标人所承担的风险内容及其范围（幅度）产生的风险费用。

（2）暂列金额可根据工程的复杂程度、设计深度、工程环境条件（包括地质、水文、气候条件等）进行估算，一般以分部分项工程费的 10% ~15% 为参考。

（3）暂估价中的材料单价应按照工程造价管理机构发布的工程造价信息中的材料单价计算，工程造价信息未发布的材料单价，其单价参考市场价格估算。暂估价中的专业工程暂估价应区分不同专业，按有关计价规定估算。

（4）计日工中的人工单价和施工机械台班单价应按省级、行业建设主管部门或其授权的工程造价管理机构公布的单价计算；材料应按工程造价管理机构发布的工程造价信息中的材料单价计算，工程造价信息未发布材料单价的材料，其价格应按市场调查确定的单价计算。

（5）总承包服务费应按照省级或行业建设主管部门的规定计算，在计算时可参考以下标准：

1）招标人仅要求对分包的专业工程进行总承包管理和协调时，按分包的专业工程估算造价的 1.5% 计算。

2）招标人要求对分包的专业工程进行总承包管理和协调，并同时要求提供配合服务时，根据招标文件中列出的配合服务内容和提出的要求，按分包的专业工程估算造价的 3% ~5% 计算。

3）招标人自行供应材料的，按招标人供应材料价值的 1% 计算。

14.3.2 投标价

1. 投标价的概念

《建设工程工程量清单计价规范》规定，投标价是投标人参与工程项目投标时报出的工程造价，即投标价是指在工程招标发包过程中，由投标人或受其委托具有相应资质的工程造价咨询人按照招标文件的要求以及有关计价规定，依据发包人提供的工程量清单、施工设计图，结合工程项目特点、施工现场情况及企业自身的施工技术、装备和管理水平等，自主确定的工程造价。

投标价是投标人希望达成工程承包交易的期望价格，但不能高于招标人设定的招标控制价。投标报价的编制是指投标人对拟建工程项目所发生的各种费用的计算过程。作为投标计算的必要条件，应预先确定施工方案和施工进度。此外，投标计算还必须与采用的合同形式相一致。

2. 投标价的编制原则

报价是投标的关键性工作，报价是否合理直接关系到投标工作的成败。工程量清单计价下编制投标报价的原则如下：

（1）投标报价由投标人自主确定，但必须执行《建设工程工程量清单计价规范》的强制性规定。投标价应由投标人或受其委托且具有相应资质的工程造价咨询人编制。

（2）投标人的投标报价不得低于成本。《中华人民共和国招标投标法》中规定："中标人的投标应当符合下列条件……（二）能够满足招标文件的实质性要求，并且经评审的投标价格最低，但是投标价格低于成本的除外。"《评标委员会和评标方法暂行规定》中规定："在评标过程中，评标委员会发现投标人的报价明显低于其他投标报价或者在设有标底时明显低于标底的，使得其投标报价可能低于其个别成本的，应当要求该投标人做出书面说明并提供相关证明材料。投标人不能合理说明或者不能提供相关证明材料的，由评标委员会认定该投标人以低于成本报价竞标，其投标应作为废标处理。"

（3）按招标人提供的工程量清单填报投标价格。实行工程量清单招标，招标人在招标文件中提供工程量清单，其目的是使各投标人在投标报价中具有共同的竞争平台。因此，为避免出现差错，要求投标人应按招标人提供的工程量清单填报投标价格，填写的项目编码、项目名称、项目特征、计量单位、工程量必须与招标人提供的一致。

（4）投标报价要以招标文件中设定的承发包双方责任划分，作为设定投标报价费用项目和费用计算的基础。承发包双方的责任划分不同，会导致合同风险分摊不同，从而导致投标人报价不同，如不同的工程承发包模式会直接影响工程项目投标报价的费用和计算深度。

（5）应该以施工方案、技术措施等作为投标报价计算的基本条件。企业定额反映企业技术和管理水平，是计算人工、材料和机械台班消耗量的基本依据，更要充分利用现场考察、调研成果、市场价格信息和行情资料等编制基础标价。

（6）报价计算方法要科学严谨，简明适用。

3. 投标价的编制依据

（1）《建设工程工程量清单计价规范》（GB 50500—2013）。

（2）国家或省级、行业建设主管部门颁发的计价办法。

（3）企业定额、国家或省级、行业建设主管部门颁发的计价定额。

（4）招标文件、工程量清单及其补充通知，答疑纪要。

（5）建设工程项目的设计文件及相关资料。

（6）施工现场情况、工程项目特点及拟定投标文件的施工组织设计或施工方案。

（7）与建设项目相关的标准、规范等技术资料。

（8）市场价格信息或工程造价管理机构发布的工程造价信息。

（9）其他的相关资料。

4. 投标价的编制内容

在编制投标报价之前，需要先对清单工程量进行复核。因为工程量清单中的各分部分项工程量并不十分准确，若设计深度不够则可能有较大的误差，而工程量的多少是选择施工方法、安排人力和机械、准备材料必须考虑的因素，自然也影响分项工程的单价，因此一定要对工程量进行复核。

投标报价的编制过程应首先根据招标人提供的工程量清单编制分部分项工程量清单计价表、措施项目清单计价表、其他项目清单计价表、规费、税金项目清单计价表，计算完毕后汇总而得到单位工程投标报价汇总表，再层层汇总，分别得出单项工程投标报价汇总表和工程项目投标总价汇总表。工程项目工程量清单投标报价的编制过程如图 14-3 所示。

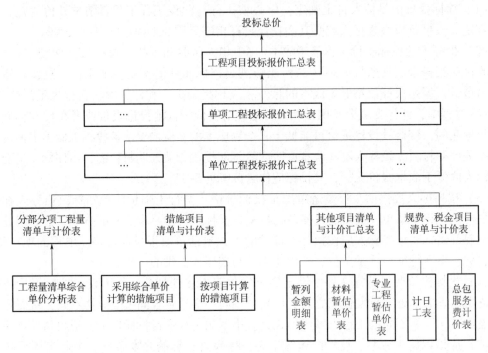

图 14-3　工程项目工程量清单投标报价流程

14.3.3　合同价款的确定与调整

工程合同价款是发包人、承包人在协议书中约定，发包人用以支付承包人按照合同约定完成承包范围内全部工程并承担质量保修责任的价款。合同价款是双方当事人关心的核心条款。工程的合同价款由发包人、承包人依据中标通知书中的中标价格在协议书内约定。合同价款约定后，任何一方不得擅自改变。

《建筑工程施工发包与承包计价管理办法》规定，工程合同价可以采用三种方式：固定合同价格、可调合同价格和成本加酬金合同价格。

1. 固定合同价格

这是指在约定的风险范围内价款不再调整的合同。双方必须在专用条款内约定合同价款包含的风险范围、风险费用的计算方法和承包风险范围以外对合同价款影响的调整方法，在约定的风险范围内合同价款不再调整。固定合同价格可分为固定合同总价和固定合同单价两种方式。

（1）固定合同总价　固定总价合同的价格计算是以设计图样、工程量及规范等为依据，承发包双方就承包工程协商一个固定的总价。即承包方按投标时发包方接受的合同价格实施工程，并一笔包死，无特定情况不作变化。

采用这种合同时，合同总价只有在设计和工程范围发生变更的情况下才能随之做相应的变更，除此之外，合同总价一般不能变动。因此，采用固定总价合同，承包方要承担合同履行过程中的主要风险，要承担实物工程量、工程单价等变化可能造成损失的风险。在合同执行过程中，承发包双方均不能以工程量、设备和材料价格、工资等变动为理由，提出对合同总价调值的要求。所以，作为合同总价计算依据的设计图样、说明、规定及规范需对工程做出详尽的描述，承包方要在投标时对一切费用上升的因素做出估计，并将其包含在投标报价之中。承包方因为可能要为许多不可预见的因素付出代价，所以往往会加大不可预见费用，致使这种合同的投标价格较高，并不能真正降低工程造价。

固定总价合同一般适用于：

1）招标时的设计深度已达到施工图设计要求，工程设计图完整齐全，项目、范围及工程量计算依据确切，合同履行过程中不会出现较大的设计变更，承包方依据的报价工程量与实际完成的工程量不会有较大的差异。

2）预见到实施过程中可能遇到的各种风险。

3）合同工期较短，一般为一年之内的工程。

（2）固定单价合同　固定单价合同分为估算工程量单价合同与纯单价合同。

1）估算工程量单价合同。是以工程量清单和工程单价表为基础和依据来计算合同价格的，也可称为计量估价合同。估算工程量单价合同通常是由发包方提出工程量清单，列出分部分项工程量，由承包方以此为基础填报相应单价，累计计算后得出合同价格。但最后的工程结算价应按照实际完成的工程量来计算，即按合同中的分部分项工程单价和实际工程量，计算得出工程结算和支付的工程总价格。采用这种合同时，要求实际完成的工程量与原估计的工程量不能有实质性的变更。因为承包方给出的单价是以相应的工程量为基础的，如果工程量大幅度增减可能影响工程成本。不过在实践中往往很难确定工程量究竟在多大范围的变更才算实质性变更，这是采用这种合同计价方式需要考虑的一个问题。有些固定单价合同规定，如果实际工程量与报价表中的工程量相差超过 ±10% 时，允许承包方调整合同价。此外，也有些固定单价合同在材料价格变动较大时，允许承包方调整单价。估算工程量单价合同大多用于工期长、技术复杂、实施过程中发生各种不可预见因素可能较多的建设工程。

2）纯单价合同。采用这种计价方式的合同时，发包方只向承包方给出发包工程的有关分部分项工程以及工程范围，不对工程量做任何规定。即在招标文件中仅给出工程内各个分部分项工程一览表、工程范围和必要的说明，而不必提供实物工程量。承包方在投标时只需要对这类给定范围的分部分项工程做出报价即可，合同实施过程中按实际完成的工程量进行结算。这种合同计价方式主要适用于没有施工图，或工程量不明却急需开工的紧迫工程，如设计单位来不及提供正式施工图，或虽有施工图但由于某些原因不能比较准确地计算工程量。

2. 可调合同价格

可调价是指合同总价或者单价，在合同实施期内根据合同约定的办法调整，即在合同的实施过程中可以按照约定，随资源价格等因素的变化而调整的价格。

（1）可调总价　可调总价合同的总价一般也是以设计图及规定、规范为基础，在报价及签约时，按招标文件的要求和当时的物价来计算合同总价。但合同总价是一个相对固定的价格，在合同执行过程中，由于通货膨胀而使所用的工料成本增加，可对合同总价进行相应的调整。可调总价合同的合同总价不变，只是在合同条款中增加调价条款，如果出现通货膨胀这一不可预见的费用因素，合同总价就可按约定的调价条款做相应调整。

可调总价适用于工程内容和技术经济指标规定很明确的项目，由于合同中列有调值条款，所以工期在一年以上的工程项目较适于采用这种合同计价方式。

（2）可调单价　可调单价一般是在工程招标文件中规定、在合同中签订的单价，根据合同约定的条款，如在工程实施过程中物价发生变化等，可做调值。有的工程在招标或签约时，因某些不确定因素而在合同中暂定某些分部分项工程的单价，在工程结算时，再根据实际情况和合同约定对合同单价进行调整，确定实际结算单价。

3. 成本加酬金合同价格

成本加酬金合同是将工程项目的实际投资划分成直接成本费和承包方完成工作后应得酬金两部分。工程实施过程中发生的直接成本费由发包方实报实销，再按合同约定的方式另外支付给承包方相应报酬。

这种合同计价方式主要适用于工程内容及技术经济指标尚未全面确定，投标报价的依据尚不充分的情况下，发包方因工期要求紧迫，必须发包的工程；或者发包方与承包方之间有着高度的信任，承包方在某些方面具有独特的技术、特长或经验。由于在签订合同时，发包方提供不出可供承包方准确报价所必需的资料，报价缺乏依据，因此，在合同内只能商定酬金的计算方法。

按照酬金的计算方式不同，成本加酬金合同又分为成本加固定酬金、成本加固定百分数酬金、成本加浮动酬金及目标成本加奖罚四种形式。

14.3.4　竣工结算价

1. 竣工结算价的编制方法

依据《建设工程工程量清单计价规范》的规定，发承包双方应依据国家有关法律、法规和标准的规定，按照合同约定确定最终工程造价。因此，工程竣工结算价的编制应建立在施工合同的基础上，不同合同类型采用的编制方法应不同，常用的合同类型有单价合同、总价合同和成本加酬金合同三种方式。其中。总价合同和单价合同在工程量清单计价模式下经常使用，其竣工结算价的编制方法有两种。

（1）总价合同方式　采用总价合同的，应在合同价基础上对设计变更、工程洽商、暂估价以及工程索赔、工期奖罚等合同约定可以调整的内容进行调整。其竣工结算价的计算公式为：

$$竣工结算价 = 合同价 ± 设计变更洽商 ± 现场签证 ± 暂估价调整 ±$$
$$工程索赔 ± 奖罚费用 ± 价格调整$$

（2）单价合同方式　采用单价合同的，除对设计变更、工程洽商、暂估价以及工程索赔、工期奖罚等合同约定可以调整的内容进行调整外，还应对合同内的工程量进行调整。其竣工结算价的计算公式为：

$$竣工结算价 = 调整后合同价 ± 设计变更洽商 ± 现场签证 ± 暂估价调整 ±$$
$$工程索赔 ± 奖罚费用 ± 价格调整$$

合同内的分部分项工程量清单及措施项目工程量清单中的工程量应按招标施工图进行重新计算，在此基础上根据合同约定调整原合同价格，并计取规费和税金：单价合同中的其他项目调整同总价合同。

2. 竣工结算价编制的内容

根据《建设工程工程量清单计价规范》关于竣工结算的规定。采用工程量清单招标方式的工程，竣工结算价的编制内容如图14-4所示。

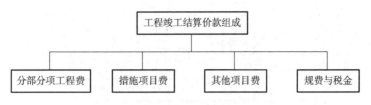

图 14-4　工程竣工结算价款的内容组成

具体包括：

（1）复核、计算分部分项工程的工程量，确定结算单价，计算分部分项工程结算价款。

（2）复核、计算措施项目工程量，确定结算单价，计算可计量工程量的措施项目结算价款，并汇总以总额计算的其他措施项目费，形成措施项目结算价款。

（3）计算、确定其他项目的结算价款。

（4）汇总上述结算价款，按合同约定的计算基数与费率计算、调整规费，计算与调整税金。

（5）汇总上述各种结算金额，形成工程竣工结算价。

14.4　建筑工程定额计价

14.4.1　建筑工程定额概述

1. 建筑工程定额的概念

工程建设定额是指在正常的施工生产条件下，采用先进合理的施工工艺、施工组织和科学的方法制定完成单位合格产品所消耗的人工、材料、施工机械及资金消耗的数量标准。不同的产品有不同的质量要求，不能把定额看成单纯的数量关系，而应看成是质量和安全的统一体。

2. 建筑工程定额的性质

建筑工程定额是在正常施工条件下，完成单位合格产品所必须消耗的劳动力、材料、机械台班和资金消耗的数量标准。这种量的规定，反映出完成建设工程中的某项合格产品与各种生产消耗之间特定的数量关系。

建筑工程定额具有科学性、系统性、统一性、指导性、群众性、相对稳定性和时效性等性质。

14.4.2　建筑工程预算定额组成与应用

将所有"定额项目劳动力计算表"和"定额项目材料及机械台班计算表"经分类整理后，过渡到规定的定额表式上，加上编制说明、目录等内容，通过印刷、装订而成的定额称作定额册或定额本，简称为定额。

1. 定额册的组成

中华人民共和国建设部 1995 年发布了 GJD-101-95《全国统一建筑工程基础定额（土建工程)》，其组成如图 14-5 所示。

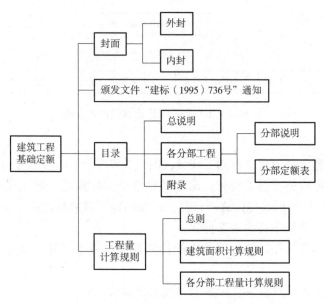

图 14-5　全国统一建筑工程基础定额的组成

2. 定额的内容

从图 14-5 中可以看出，建筑工程预算定额的内容组成可划分为文字说明、定额表和附录三大部分。定额文字说明如下：

（1）总说明　主要说明以下各项情况：①定额的编制原则及依据；②定额的适用范围及作用；③定额中的"三项指标"（人工、材料、机械）的确定方法；④定额运用必须遵守的原则及适用范围；⑤定额中所采用的人工工资等级，材料规格、材质标准，允许换算的原则，机械类型、容量或性能等；⑥定额中已考虑或未考虑的因素及处理方法；⑦各分部分项工程定额的共性问题的有关统一规定及使用方法等。

（2）分部工程说明　主要说明的内容如下：①该分部工程所包含的定额项目内容；②该分部工程定额项目包括与未包括的内容；③该分部工程定额允许增减系数范围的界定；④该分部工程应说明的其他有关问题等。

（3）分节说明　分节说明是对该节所包括的工程内容、工作内容及使用有关问题的说明。文字说明是定额正确使用的依据和原则，应用前必须仔细阅读，不然就会造成错套、漏套及重套定额等问题。

3. 定额项目表

表明各分项或子项工程中人工、材料、机械台班耗用量及相应各项费用的表格称为定额项目表。定额项目表的内容组成如下。

（1）定额"节"名称及定额项目名称。

（2）定额项目的工作内容（即"分节说明"）。

（3）定额项目的计量单位等。

4. 定额附录

为编制地区单位估价表或定额"基价"换算的方便，预算定额后边一般都编有附录。附录内容通常包括常用的施工机械台班预算价格、常用材料预算价格、混凝土及砂浆配合比表等。

14.4.3　建筑工程定额的编制

1. 定额的项目排列

建筑工程基础定额根据建筑结构及施工顺序等，按章、节、项目、子母等次序排列。

在定额册中，分部工程为章。它是将单位工程中某些性质相近、材料大致相同和施工方法基本相同的施工对象即结构工程归结于一起而成。我国现行《全国统一建筑工程基础定额（土建工程)》共分为 15 个分部工程。

分部工程（章）以下，又按工程性质、工程内容、施工方法、使用材料等，分为若干个节。如砌筑分部（章）工程，分为砌砖和砌石两节。节以下，再按工程性质、特点、材料类别等分成许多项目（即分项工程），如砌砖工程中可分为砌砖基础、砖墙，砌墙又分为空斗墙、空花墙、填充墙、贴砌砖、砌块墙、围墙等八个项目。

在每个工程项目中，又可以按结构的类型、规格再分为许多子项，如"砖基础、砖墙"分项工程中，按照墙面类型、结构形式、材料类别的不同分为若干个子项。

2. 定额项目排列的编号

为了查阅方便，定额的章、节、项、子项都采用统一编码，除"章"号注明章次外，节、项都不注明"节""项"等。《全国统一建筑工程基础定额（土建工程)》的节号用中文的一、二、三、……项号用阿拉伯数字 1、2、3、……子项（或细项）采用 X-1、X-2、……编号，即我们通常说的定额编号。定额编号的方法有"三符号编号法"和"二符号编号法"两种。我国现行各种全国统一定额都是采用二符号编号，就是采用两位阿拉伯数字将分部（章）工程及分项（或子项）工程项目表示出来的定额编号，如图 14-6 所示。

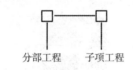

图 14-6　定额编号示意图

第15章 建筑工程造价软件的运用

15.1 广联达工程造价算量软件概述

1. 概述

随着社会的进步，造价行业也逐步深化，建筑市场上工程造价软件也多种多样，人机的结合操作方便，软件包含清单和定额两种计算规则，其运算速度快、计算结果精准，为广大工程造价人员提供了巨大方便。

工程造价软件主要包括工程量计算软件、钢筋计算软件、工程计价软件、评标软件等，主要用户是建设方、施工方、设计方、中介咨询机构及政府部门。常见的造价软件有广联达、鲁班、神机妙算、PKPM、清华斯维尔等。

广联达软件（图15-1）不仅使用简便，而且加快了概预算的编制速度，极大地提高了工作效率。目前市场推出的工程造价方面的软件包括广联达图形算量软件和广联达清单计价软件。算量软件主要有计价软件（GBQ4.0）、土建算量软件（GCL2013）和钢筋算量软件（GGJ2013），目前均比较成熟，普及率很高，广泛运用于各大设计院、造价事务所等。

钢筋算量GGJ2013   土建算量GCL2013   计价软件GBQ4

图15-1 广联达软件示意图

广联达计价软件GBQ是广联达建设工程造价管理整体解决方案中的核心产品，主要通过招标管理、投标管理、清单计价三大模块来实现电子招标投标过程的计价业务。支持清单计价和定额计价两种模式，产品覆盖全国各省市定额，采用统一管理平台，追求造价专业分析精细化，实现批量处理工作模式，帮助工程造价人员在招标投标阶段快速、准确地完成招标控制价和投标报价工作。

2. 组成

广联达软件主要由工程量清单计价软件（GBQ）、图形算量软件（GCL）、钢筋算量软件（GGJ）、钢筋翻样软件（GFY）、安装算量软件（GQI）、材料管理软件（GMM）、精装算量软件（GDQ）、市政算量软件（GMA）等组成，进行套价、工程量计算、钢筋用量计算、钢筋现场管控、安装工程量计算、材料的管理、装修的工程量计算、桥梁及道路等的工程量计算等。软件内置了规范和图集，自动实行扣减，还可以根据各公司和个人需要，对其进行设置修改，选择需要的格式报表等。

3. 广联达软件的报价优点

（1）多种计价模式共存　包括：清单与定额两种计价方式共存同一软件中，实现清单计价与定额计价的完美过渡与组合；提供"清单计价转定额计价"功能，可以在两种计价方式中自由转换，评估整体造价。

（2）多方位数据接口　包括：在"导入导出招标投标文件"中提供了各类招标投标文件的导入导出功能；随着计算应用的普及，各类电子标书越来越多，"导入工程量清单"功能可以直接从 EXCEL 和 ACCESS 中直接将清单内容导入；能够导入广联达图形算量软件工程文件数据，实现图形算量结果与计价的链接；通过企业定额可以创建反映企业实际业务水平、具备市场竞争实力的企业定额数据，并通过与 GBQ4.0 的数据安装集成应用，实现在 GBQ4.0 中采用企业定额数据直接计价。

（3）强大的数据计算　包括：GBQ4.0 能够快速计算提高造价人员计算能力，例如，可使用建筑工程超高降效计算，通过对建筑工程檐高或层高范围的数据设定，自动计算出超高降效费用项目。同时满足不同计算要求，可使用自定义单价取费计算的方式，对清单综合单价的计算取定过程施加控制，并适当选择合适的取费方式，从而使综合单价取费计算过程满足招标技术要求。

（4）灵活的报表设计功能　包括：设计界面采用 OFFICE 表格设计风格，完善报表样式；报表名称列使用树状结构分类显示，查找更加方便；报表可以导出到 EXCEL，设计更加自由。

（5）工程造价调整　包括：工程造价调整分为调价和调量两部分。可以在最短的时间里实现工程总价的调整和分摊；工程量调整可针对预算书不同的分部操作；"主材设备不参与调整""人工机械不调整单价""甲供材料不参与调整"多个选项并存。各选项自由组合，实现量价调整的灵活快速；提供调整后预览功能，使调整过程更加清晰明了。

4. 手工算量与软件算量对比

广联达软件算量在具体的应用过程中，主要是将绘图、CAD 识图两者相结合，实现绘图以及识图的功能。利用该软件还能够实现对一些清单以及库存进行相关构件的计量，相关的工程造价核算人员在广联达软件算量中，只需要严格地依照相关施工图的要求，并结合软件定义界面的要求来进行相关构件属性的确定即可。在构件的属性确定后，就可以正式地在绘图区域进行绘图工作，同时针对软件严格地按照相关的计算原则进行设置，从而可以自动地计算相应的工程量。这样造价人员不仅能够可以及时有效地发现相关的绘图问题，同时计算的过程也相应缩短，使得计量更加精确。

广联达软件在目前的建筑工程中应用较为普遍，所以软件公司也构建了专门的共享平台，使相关的人员可以互相交流经验。

手工算量的特点：手工算量是最基本、最原始的工程量计算方法，造价人员需要熟悉定额和图集以及掌握相应定额和清单的工程量计算规则，合理地安排计算顺序，避免计算中的混乱和重复。

手工算量虽然计算的过程比较繁琐，但只要造价人员针对需要计算的部位，严格地依照计算公式的要求来进行计算，都可以算出来，特别是一些软件中不方便绘制的地方。因此现实工程中在二次精装修、安装工程及市政工程等工程的造价计算中运用十分广泛。

软件算量融合了自动化技术以及计算机技术，是建筑工程工程量计量的未来发展趋势。虽然手工算量在一些复杂节点的计量上还有一定的应用优势，但是在广联达软件逐渐发展和应用的进程中，手工算量会逐渐被取代。

15.2 广联达工程造价算量软件算量原理

钢筋工程量的编制主要取决于钢筋长度的计算，以往借助平法图集查找相关公式和参数，通过手工计算求出各类钢筋的长度，再乘以相应的根数和理论重量，就能得到钢筋重量。运行软件时，只需通过画图的方式，快速建立建筑物的计算模型，软件会根据内置的平法图集和规范实现自动扣减，准确算量。此外，钢筋算量软件充分利用构件分层功能，绘制相同属性的构件时，只需从其他楼层导入，就可实现各层的绘制，大大减少了绘制工作量。

广联达钢筋算量软件参照传统手工算量的基本原理，将手工算量的模式与方法内置到软件中，依据最新的平法图集规范，从而实现了钢筋算量工作的程序化，加快了造价人员的计算速度，提高了计算的准确度。

15.3 广联达工程造价算量软件操作流程

1. 操作流程

广联达工程造价算量软件操作流程如图 15-2 所示。

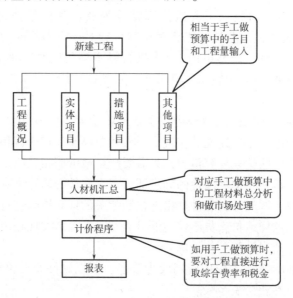

图 15-2　广联达工程造价算量软件操作流程示意图

2. 广联达 GCL 软件操作步骤

启动软件→新建工程→建立轴网→定义构件→绘制构件→汇总计算→打印报表→保存工程→退出软件。

（1）软件的启动与退出。双击广联达软件 GCL 图标或者打开 Windows 菜单找到广联达软件单击打开。退出广联达软件可以单击菜单栏的"文件"→"退出"。

（2）新建工程。启动软件之后，单击"新建向导"，弹出新建工程向导窗口，如图 15-3 所示。

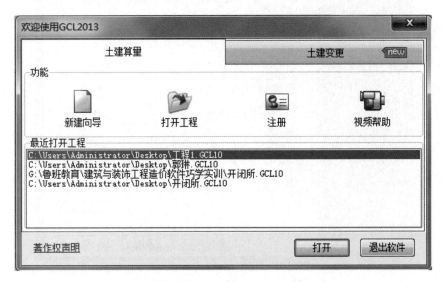

图 15-3　新建工程向导窗口示意图

（3）输入新建信息。在新建向导窗口输入工程信息，选择清单规则和定额规则即为清单招标模式或清单投标模式，若只选择清单规则，则为清单招标模式；若只选择定额规则，即为定额模式。如图 15-4 所示。

图 15-4　输入新建信息示意图

（4）连续单击下一步按钮，分别输入工程信息、编制信息，直到出现如图 15-5 所示的"完成"窗口。

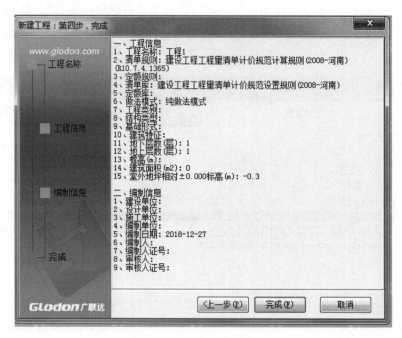

图 15-5　"完成"窗口示意图

（5）工程设置。单击完成后出现如图 15-6 所示界面，在界面左侧工程设置下的楼层信息选项根据图纸要求输入正确信息，建立整体的工程框架。

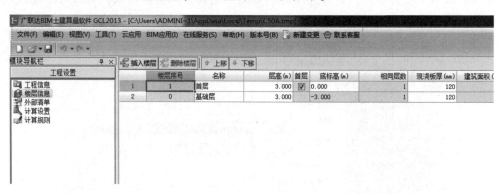

图 15-6　工程设置示意图

（6）定义构件。工程信息框架大致完成之后，根据施工图要求先建立轴网，按照图示轴线数据建立轴网，轴网建立完成之后再按照建筑详图和施工图所示定义构件，如图 15-7 所示。

（7）工程建模。在定义好构件后根据从下到上的顺序建立工程模型，再在广联达钢筋软件中按照要求添加上钢筋配筋等。

（8）工程算量。在建立的工程模型中利用广联达算量软件算出工程量，建筑工程预算中工程量计算要求必须准确。结构构件本身的复杂性使抽钢筋的工作占用了造价人员大量时间，不同构件中钢筋的锚固、搭接计算不同，钢筋保护层厚度不同，加之不同型号和规格的钢筋都需要分类汇总其工程量，使计算过程极为繁琐，而且很多工作就是重复的或是简单的四则运算。图形算量绘制的图形可以导入钢筋算量软件中，构件不需要重新定义，只需按照设计意图定义每个构件的钢筋，并汇总计算，软件将自动计算出不同截面的钢筋量。

通过建模确定构件的位置，并输入与算量有关的构件属性，选取配套的定额和相关子目，软件通过默认的计算规则，计算得到构件的工程量，自动进行汇总统计，得到工程量清单。

3. 广联达 GGJ 软件操作步骤

（1）准备工作。查看施工图是否齐全，在模块导航栏中根据施工图设置楼层数量及标高，然后在下面设置混凝土强度等级，如果楼层混凝土强度等级不一致，则根据实际情况逐层更改。之后根据要求在下一步中填入数据。

（2）创建工程信息。新建项目必须填写：结构类型、抗震设防烈度、檐高、抗

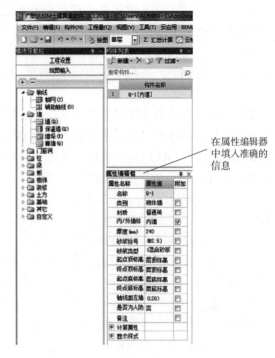

在属性编辑器中填入准确的信息

图 15-7　定义构件示意图

震等级，如图 15-8 所示。待对工程有了初步印象后，启动钢筋算量软件，依据施工图和软件提示填写相应内容。需注意的是，新平法规则 11G101 已逐步取代 03G101 和 00G101 成为如今建筑工程的设计规范，在选择时应根据结构总说明上的有关内容选择相应规范。

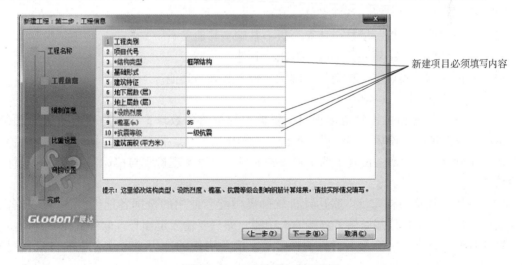

新建项目必须填写内容

图 15-8　必须填写内容示意图

（3）建立轴网。查看立面图或剖面图，确定楼层标高信息。轴网的绘制是否精确，关系到整个工程是否能顺利建成。轴网的定义要和各层平面图轴网相对应。选择轴网类型，输入轴距和定位角度，完成绘制。

（4）定义构件。定义梁构件一定要分清框架梁、非框架梁、框支梁等表示符号，根据平法图输入截面和钢筋信息。板由现浇板和受力筋、负筋组成，要分别定义。门窗洞口定义时，窗的离地高度软件默认为 900mm，应根据实际情况修改，以避免柱或剪力墙被凿洞。对于异形构件的定义，先在"多边形编辑器"中绘制图元形状，也可从 CAD 中导入，再进行定义。

楼梯、灌注桩、羊角放射筋等零星构件的钢筋工程量可以利用软件中的单构件输入进行计算，主要有以下两种方法：平法输入和参数输入。单击"构件管理"添加构件，选择软件自带的标准图集，修改相应数据，单击"计算退出"按钮退出界面。

（5）构件绘制。切换到绘图界面，"点"绘制是最常用的绘制方法，用"Shift + 左键"绘制不在轴线交点处的柱。梁直接用"直线"绘制，单击"点加长度"按钮绘制短肢梁，单击"三点画弧"按钮绘制弧形梁。绘制完成后，还需对梁进行识别。

为了更加准确地计算剪力墙钢筋工程量，门窗洞口绘制时可选用"精确布置"功能，单击鼠标左键选择需要布置门窗的墙，再单击鼠标左键选择插入点，然后输入偏移值，单击"确定"按钮。板属于面状构件，常采用"点"或"矩形"绘制板，也可单击"自动生成板"按钮完成板的绘制。其他一些构件，如构造柱、暗柱、过梁、圈梁等，应在主要构件绘制完成后，根据实际情况在相应位置绘制。

（6）工程量计算。画完构件图元后，如要查看钢筋工程量，必须先进行汇总计算。在软件左上栏有"汇总计算"条件窗口选择需要汇总的楼层，单击"计算"按钮软件自动汇总计算。汇总计算完成后，软件按照定额指标、明细表和汇总表三类提供丰富多样的报表以满足不同需求的钢筋数据。在工具导航栏中切换到"报表预览"界面预览报表，根据算量需求选择相应的报表进行打印。

4. 常见结构类型的绘图顺序

（1）框架结构　柱→梁→板→基础→其他。

（2）剪力墙结构　墙→墙柱→墙梁→板→基础→其他。

（3）框剪结构　柱→墙→梁→板→基础→其他。

（4）砌体结构　砌块墙→构造柱→圈梁→板→基础→其他。

5. 广联达 GBQ 计价软件作用

（1）审查施工图和工程量清单项目，复核工程量清单数量，审查是否有重大漏项等。广联达计价软件考虑了投标人编制投标报价过程操作的安全、投标报价数据的安全，以提高投标人投标报价的成功率，设置了两个检查的窗口，可以实现检查与招标书一致性和投标书自检功能。

（2）选用、换算与补充。广联达计价软件提供配套使用的全国各地区、各行业和各时期的定额 100 多套，并且都提供了直接输入功能，即只要输入定额号，软件就能够自动检索出子目的名称、单位、单价及人材机消耗量等。因此定额的选用要考虑企业的自身状况来确定。

（3）合理调价。包括以下几项。

1）市场价调整：在 GBQ4.0 中，通过"工具"→"人工单价调整"和"人材机汇总"界面两个位置都调整人工单价为最新的单价值。

2）相关费率调整：在单价构成里面修改管理费和利润的费率。在计价程序里修改规费和税金的费率。

3）对某一分部的工程造价调整——在 GBQ4.0 中，在分部分项界面的功能区单击"工程造价调整""调整子目工程量"，在调整子目工程量界面选择需要调整的分部（注意：在单击确定之前，一定要备份一份数据，因为这是不可恢复操作）。

4）总价调整——调整方法是在分部分项工程量清单页面选择菜单栏中"分部分项工程量清单"，选择"工程造价调整"。在弹出的界面中可以设置工程造价的调整系数等。